典型国家乡村环境治理发展历程及治理措施

周　莉　等　　编著

图书在版编目(CIP)数据

典型国家乡村环境治理发展历程及治理措施 / 周莉等编著. -- 天津：天津大学出版社, 2023.11
ISBN 978-7-5618-7627-5

Ⅰ. ①典… Ⅱ. ①周… Ⅲ. ①农村生态环境－环境综合整治－研究－中国 Ⅳ. ①X322.2

中国国家版本馆CIP数据核字(2023)第214828号

出版发行 天津大学出版社
地　　址 天津市卫津路92号天津大学内（邮编:300072）
电　　话 发行部:022-27403647
网　　址 www.tjupress.com.cn
印　　刷 北京虎彩文化传播有限公司
经　　销 全国各地新华书店
开　　本 787mm×1092mm　1/16
印　　张 9
字　　数 220千
版　　次 2023年11月第1版
印　　次 2023年11月第1次
定　　价 37.00元

编者名单

编　　著：周　莉

参编人员：郑向群　王　倩　张春雪
王　强　魏孝承

前　　言

乡村振兴是党的十九大提出的一项重大战略，是关系全面建设社会主义现代化国家的全局性、历史性任务，是新时代“三农”工作的总抓手。

习近平总书记在党的二十大报告中提出要“全面推进乡村振兴”，强调要“建设宜居宜业和美乡村”。近年来，我国重点围绕“产业兴旺、生态宜居、乡风文明、治理有效、生活富裕”的乡村振兴总要求，将生态文明建设与新时代乡村振兴相结合，改善乡村环境，坚持人与自然和谐共生，着力解决当前乡村发展过程中存在的环境问题，建设宜居宜业和美乡村。自实施乡村振兴战略以来，全国各地集中实施农村人居环境整治行动，在农村生活污水治理、生活垃圾治理、农村厕所改造以及村容村貌提升等多个方面取得了显著成效，农村生态环境逐步好转，但仍存在区域发展不平衡、技术规范与标准体系欠缺、长效管理机制不健全等问题，与农业农村现代化要求和农民群众向往的美好生活还有差距。

为着力解决我国乡村环境治理现阶段面临的主要难题，全面推进我国乡村振兴战略实施，本书以典型国家乡村环境治理发展历程及治理措施为视角，具体从乡村规划、乡村生活污水治理、乡村生活垃圾治理、乡村厕所环境治理、乡村景观保护、乡村环境综合治理以及乡村环境治理运维管理等方面开展研究，梳理典型国家乡村环境治理的发展历程，总结典型国家在相关政策与法律、应用技术、资金支持等方面的乡村环境治理经验和启示，并针对我国乡村环境治理存在的主要问题提出建议。本书适用于从事我国农村改厕、粪污资源化利用、农村生活污水处理、农村生活垃圾处置等农村人居环境整治行动的相关人员，对有效推进农村人居环境整治、助力乡村振兴战略实施具有重要的理论参考价值。

本书的编写人员及分工：第一章由周莉、王倩编写；第二章、第四章、第六章、第八章由周莉、郑向群、魏孝承、王倩编写；第三章、第五章、第七章由周莉、张春雪、王倩编写；第九章由周莉、郑向群、王强编写；全书由周莉、王倩统稿。在本书的编写过程中参考了许多国内外学者的研究成果，有些引述的内容未能注明出处，在此向这些作者表示歉意，并致以深深的谢意。

限于时间和水平，书中的观点和内容尚不完善，不足和疏漏之处在所难免，敬请专家、同行和广大读者批评、指正。

编者

2023 年 2 月

目　　录

第一章　乡村环境治理概述

1.1　乡村环境治理的相关概念

不同国家在不同时期对于乡村的定义不同，主要以人口密度与规模、地理特征、经济和工业发展水平、城镇化水平、与城市化地区的接近程度等为依据，对乡村进行界定。在我国，乡村又称农村，是指居民以农业为经济活动基本内容的一类聚落的总称。美国将人口小于1万人的聚集区称为乡村地区。德国乡村即“乡村之地”和“村民的总和”，是指具有显著的农业经济特征的居住聚集区。英国乡村地区是指包括村庄、农田、山川、海洋等一切非城市特征的地域。荷兰乡村地区是指最多有3万居民的包括村庄和小镇的非城市区域。日本乡村的定义为以农业等第一产业为主要经济活动，人口和用地规模及居住密度均较低的地区。

乡村环境从广义上来说，包括以农民为中心的土地、水源、森林、草原等自然要素，以及经过人工改造的村落在内的各种自然环境和社会环境的总和。乡村环境狭义上是指乡村人居环境，主要包括自然环境、资源状况、区位特征、文化风貌、基础设施建设等一切与村民居住相关的环境总和。

联合国开发计划署（UNDP）和联合国环境规划署（UNEP）定义的“环境治理”是指人类通过法律、公共机构的约束，合理利用自然资源，维护人类与自然良好关系的过程。在我国，环境治理是指人类在对自然资源和环境的持续利用中，环境资源的利用者们制定相关政策来维持环境的可持续发展，行使权力使得环境效益、经济效益和社会效益达到最大化。

乡村环境治理广义上是指在对农村资源和环境的持续利用中，各种公共的或私人的机构参与乡村环境资源的管理，采取必要的行动，以达到一定的环境效益、经济效益和社会效益，共同实现农村环境可持续发展的过程。乡村环境治理狭义上是指乡村人居环境治理，是政府、村民、社会组织、企业等利益相关者为实现农村人居环境的可持续发展，运用资源、权力互相协调，实现农村人居环境的整洁美好，最终实现人类社会和谐的管理过程。其范围包括以村民居住为中心的自然环境和生活环境，主要涉及与农村生活联系较大的生态环境保护、生活垃圾处理、污水处理、村容村貌改善等内容。

1.2　乡村环境治理的主要内容

习近平总书记在党的二十大报告中提出要“全面推进乡村振兴”，强调要“建设宜居宜业和美乡村”。近年来，我国重点围绕“产业兴旺、生态宜居、乡风文明、治理有效、生活富裕”的乡村振兴总要求，将生态文明建设与新时代乡村振兴相结合，改善乡村环境，坚持人与自然和谐共生，着力解决当前乡村发展过程中存在的环境问题，建设宜居宜业和美乡村。自实施乡村振兴战略以来，全国各地集中实施农村人居环境整治行动，我国乡村环境保护取得显著成效，农村生态环境明显好转。然而，我国乡村环境状况很不平衡，一些地区环境污染问题仍然突出，乡村环境治理技术规范与标准体系欠缺、长效管理机制不健全等问题依然存在，与全面建成小康社会要求和农民群众期盼还有较大差距。

为进一步提升我国农村人居环境整治水平，全面推进乡村振兴战略实施，本书梳理了典型国家乡村环境治理发展历程和治理措施，具体从乡村规划、乡村生活污水治理、乡村生活垃圾治理、乡村厕所环境治理、乡村景观保护、乡村环境综合治理以及乡村环境治理运维管理等方面进行研究。总结典型国家在乡村环境治理相关政策与法律、应用技术、技术规范及标准、资金支持、运行管理等方面的经验，并提出对我国乡村环境治理的启示，以拓宽我国乡村环境治理的思路，提高乡村环境治理的有效性。本书研究内容对助力宜居宜业和美乡村建设、全面推进乡村振兴战略实施，让广大农民群众有更多的获得感、幸福感、满足感具有重要的意义。

1.3 乡村环境治理的理论基础

正确的生态价值观和科学的治理理论是乡村环境治理的向导和前提。目前，国内外乡村环境治理的重要理论主要包括可持续发展理论、多中心治理理论、整体性治理理论等类型（表 1-1），在多种乡村环境治理理论的指导下，一些典型国家乡村环境治理实现了乡村经济发展与环境保护的双赢，促进了人与自然的和谐发展。

表 1-1 乡村环境治理理论

类型	内涵	特点
可持续发展理论	指既满足当代人的需要，又不对后代人满足其需要的能力构成危害的发展，主要包含经济、社会和环境三个部分，三者关系紧密，相互影响，任何一部分的失衡都会导致其他部分发生变化	具有公平性、持续性、共同性等基本原则；以达到共同、协调、公平、高效、多维的发展为最终目的
多中心治理理论	倡导治理主体的多元化，充分发挥政府、私人组织、社会组织及公民个人等多个主体之间相互独立、相互协调的竞争性合作关系，通过共同认可机制解决环境问题，实现公共利益的最大化	治理主体多元化；公共物品供给多元化；政府从单一提供者转变为引导者、协调者
整体性治理理论	将政府内部各个机构和部门作为一个整体进行运作，责任部门之间通过有效的沟通和协调、整合，在共同目标的驱动下，不断强化政策执行手段，最终完成共同目标	能够有效保障环境治理精细化；各责任部门分工明确，通过整合多方力量，形成合力，提升环境治理效率

1.4 乡村环境治理的基本原则

（1）坚持绿色发展观

生态环境是乡村的自然基础，也是人们安身立命的生存与发展的根基，事关千秋万代的永续发展。在乡村环境治理中坚持绿色发展观原则，需要进行全方位和整体性的绿色变革。

乡村经济发展必须是绿色的，只有治理好环境，才能实现生态环境保护与经济增长的协调发展，让乡村经济发展处在生态良好的运营模式中。

（2）坚持乡村环境治理的区域性

坚持乡村环境治理的区域性原则，就是要把因地制宜理念运用到乡村环境治理实践中，充分挖掘本土资源，彰显地方优势，形成特色经济发展模式，从而达到乡村的可持续发展。因此，不能照搬照抄其他国家已有的经验，需结合我国各地的实际情况，进行科学合理的乡村规划。乡村环境治理既要符合当地的风土人情，又要改善人居环境，实现农业的绿色发展，在保护乡村环境的同时促进乡村经济发展。

（3）坚持乡村环境治理的系统性

习近平生态文明思想多次强调系统思维。在乡村环境治理过程中，应贯彻落实习近平总书记的系统思维观，坚持开发与保护同步进行，在进行污染防治的同时，还要注重生态修复问题，并要利用科技手段协同发力，系统推进乡村环境治理，使得生态环境工作的整体效应达到良好。

（4）坚持乡村环境治理效益的统一性

经济社会的发展与生态的保护的矛盾存在于每个国家和每个地方的发展进程中。这就要求在乡村环境治理中，对经济效益、社会效益和生态效益进行统一考虑，把环境质量的变化同国民经济和社会的高质量发展联系起来，坚持三者的统一性。只有在科学的理论指引下走一条正确的发展道路，才能在乡村环境治理中实现经济效益、社会效益、生态效益的最大化。

第二章 乡村规划

乡村规划是我国乡村振兴战略实施的重要保障，是乡村环境治理的重要举措。乡村规划是指围绕村庄未来一段时间以及归属于本区域范畴内资源分配的宏观和微观的安排，覆盖面较广。乡村与城市的诸多不同，决定了以乡村为对象的乡村规划不同于城市规划，呈现出鲜明的地域特色。乡村规划还具有一定的综合性，主要涉及建筑、景观、生态、产业、社会、文化、耕地等多领域，特别注重乡村空间环境的恢复和乡村的可持续发展。因此，如何通过强化规划引领，全面推进乡村振兴，是我国乡村环境治理理论和实践迫切需要解决的问题。本章重点介绍美国、英国、德国、日本等典型国家乡村规划的发展历程、措施及特点，以期在新时代乡村振兴战略的总要求下，启示并探索符合我国实际国情的乡村规划问题解决路径。

2.1 北美国家——美国

美国农业人口占其总人口的19.2%，乡村地区面积占其国土面积的91.4%，承载着保障食品安全供给、生态环境建设和经济社会发展等诸多重要功能。美国乡村分散居住程度高，地广人稀，整体风貌干净、整洁、有序，乡村建筑风貌保存良好，优美宜居的乡村环境得益于美国科学合理的乡村规划。

一、发展历程

美国的乡村规划经历了从农村城市化到城市郊区化的过程，现阶段已达到国际领先水平。美国在20世纪30—50年代，由于受到经济大萧条的影响，乡村规划的政策围绕农场发展和农产品生产进行财政支持，旨在稳定和保障农场主的收入。进入20世纪60—80年代，随着城乡结构失去平衡等问题的日益显现，乡村规划的政策也随之改变，美国开始整合财政支持农业和农村发展的政策，重视通过引入现代农业生产要素和新兴产业等途径发展农村经济。

近年来，在乡村规划理论研究方面，美国的研究学者们提出了“空间概念”和“生态网络系统”等有关土地利用及乡村生态设计的新思维和方法论，对乡村规划和发展起到了指导作用。此外，美国乡村规划非常重视公众参与及自然环境资源的充分利用，提出乡村规划不仅要提供一个健康、优美、和谐的乡村环境，同时要发展乡村旅游经济，使乡村的生态功能、旅游休闲功能发展相协调。

二、乡村规划的主要原则及内容

美国乡村规划受到分区规划、宅基地规范等约束，因而十分重视规划的权威性。美国乡村规划主要遵循四个原则：①满足当地民众生活的基本需求；②最大限度地绿化美化乡村环境；③充分尊重和发扬当地民众的生活传统；④因地制宜地突出乡村固有的鲜明特色。

美国对乡村规划实行严格的功能分区制度，明确划分土地使用类别，通常用道路、景观区和绿化带分隔不同功能区，如划分居住区利用和农田利用；农业生产区和居住区之间用公共空间走廊和主干道作为缓冲；用道路和景观区隔离商业功能区与居住区。政府对于乡村整体布局要求严格，需要高速公路在其中贯穿，并要求整体建设过程中保证“七通一平”（给水通、排水通、电力通、电信通、热力通、道路通、煤气通和场地平整）。

环境保护和乡村建设是乡村规划的重要内容。美国乡村建设具有因地制宜的规划思路，主要体现在两方面。一是乡村建筑严格执行统一规划。美国乡村建筑乡村气息浓厚，得益于其对农业生产的重视程度。美国乡村建设的发展受到政府和社会的广泛支持，具有浓厚的乡村建设文化和统一的乡村建筑规范要求，在部分建设规范上具有严格的法律要求，使得美国乡村建设规划井然有序。二是乡村建筑符合地域特色和民众生活需求。美国乡村建筑风格遵循当地的建筑文化和特色，以单层为主，乡村住宅充分体现了人性化设计，满足了民众的个性化需求，周边交通便利，绿化设施丰富，具备完善的服务设施，且保留了一定的原始风貌。

三、美国乡村规划的常见模式

（1）乡村环境规划（Rural Environmental Planning，REP）模式

乡村规划是美国政府推进的重要工作，在规划中较为注重突出乡村特色，强调自然资源、生态以及农业用地的保护。美国推动的乡村环境规划（REP）倡导建立经济发展和环境保护相协调的可持续发展的乡村社区。REP 模式是一项适用于小社区和农村地区发展、落实行动计划的社区营造措施，该模式强调规划可能对乡村或社区资源与价值观的冲击，因此 REP 充分考虑了乡村特色与居住场所、景观分类系统、乡村游憩规划和历史保护之间的关系。针对每个乡村地区不同的特色与优势，提出不同发展策略，鼓励当地居民发挥创意，提高生产技术，增强人才培养，以逐步建立完善的发展规划体系，提高地方意识与可持续发展意识。近年来，美国还提出了一种基于生态空间理论的乡村规划原则和空间规划模式，特别强调了在乡村旅游中生态价值和文化背景的充分融合。

（2）观光休闲农场模式

观光休闲农场是美国乡村规划中发展乡村旅游产业的重要途径。观光休闲农场模式是将农业观光旅游和农业科普教育相结合的乡村旅游发展模式。美国的观光休闲农场以周边城市居民为主要目标人群，不同的乡村地区有其独特的农业景观，突出“本土化”特点。游客在农业观光的同时，可以参观农产品的生产过程，了解农产品的种类、特点及耕作方式，在吸引游客观光的同时，还起到了农产品科普教育的功能。同时，农场中的农产品可以直接售卖给游客，带动乡村地区经济发展。以夏威夷州为例，2000 年，该州农业旅游产值中有三分之一来自农产品的直接销售。美国乡村规划的乡村旅游能够取得如此成效，得益于美国乡村规划的科学性、可行性和协同性，各地方政府、旅游协会、社区及各界企业共同参与乡村旅游发展，促使形成政府、市场及社会之间的良性互动，共同推动乡村的发展。

四、相关政策与法规

美国把对财政支农政策的立法保护和法制化的建设作为实现农业农村现代化和推动乡村发展的根本性保障。美国财政支持乡村规划的法律主要依据是农业法案，先后出台 17 部农业法案，涉及财政支持乡村规划政策的基本框架、资金使用方向等诸多方面。为了进一步促进乡村发展，美国采取了完善立法、构建乡村发展政策体系等举措，形成了针对乡村基础设施建设、农村住房等多方面、多层次的政策框架。

美国在乡村规划设计方面主要通过基础公用服务设施的承载力实现。尤其在小城镇的规划上更加注重开放空间的规划，同时注重开放空间、污水处理和道路三者在小城镇规划中的衔接，创造性地开发土地。在乡村规划中，美国并没有给城镇划界，而是采取一系列法规约束城镇乡村的肆意发展。美国乡村居民区长期受到分区规划、宅基地规范、《清洁空气法》《水清洁法》《濒危物种法》等法规的约束，其建设从区位和形体上均被限制在生态环境允许的范围内。乡村居民区长期受到这些法规的约束，并没有肆意发展，而是牢牢控制在生态环境可承受的范围内，以实现美国乡村环境和经济的可持续发展。

五、资金支持

美国政府非常重视乡村基础设施的建设，重新建设管理是美国乡村建设的一大特色，在美国，每个乡村都具有特点。一般来说，乡村规划建设资金是地方联邦政府、地方政府和开发商共同承担的，地方联邦政府负责投资建设连接乡村间的高速公路；地方政府筹建居民区的供水厂、污水处理厂、垃圾处理厂等。

2.2 西欧国家——英国、德国

2.2.1 英国

英国作为较早实现农业现代化的国家，其政策及管理手段均较为先进。英国乡村规划主要涉及经济、社会、生态等多类型问题，乡村规划内容、工具、研究尺度等随着农业生产、社会发展、生态景观的变化而不断演化。在英国，随着不同发展阶段乡村变化核心问题的转移与出现，乡村规划形成了一个多尺度的规划体系，并与城市规划体系经历了由分离转向整合的阶段。

一、发展历程

作为最早的工业化国家，19 世纪末，快速的现代化和城市扩张对乡村影响巨大，风景破坏严重，农业衰败、农业用地规模退减等现象严重。为消除这些不利影响，英国政府采取了一系列措施对乡村规划进行了强制干预，在保护乡村地区和农业用地方面取得了积极效果。20 世纪初以来，英国乡村规划发展可归纳为以下四个时期。

第一个时期关注土地空间利用问题。为解决一战后英国城市快速蔓延问题，1932 年英国出台了《城乡规划法》，第一次将乡村规划纳入国家正式法律体系中；三年后颁布了《限制带状发展法》，限制高速公路快速发展引起的土地粗放利用，以达到保护乡村土地、集约利用土地的目的。

第二个时期重视农业生产发展和耕地保护。为解决二战时期英国粮食自给率不高的问题，重视粮食安全，1947 年新的《城乡规划法》颁布，这项法律对严格管控乡村土地开发建设、保护耕地、控制自然生态区发展起到了重要作用。

第三个时期重视基础设施、景观、自然环境和生态问题。为应对英国乡村人口增长、生活高质量需求增加、农业发展与环境保护平衡等问题，英国政府于 1968 年颁布《村镇规划法》以完善乡村基础设施和公共服务设施建设；1986 年修编《农业法案》，以达到“保护与提升自然风景和乡村舒适度”的目的；后续系列政策目标也开始偏向自然资源环境的保护。

第四个时期重视乡村多样化及可持续发展的规划。英国政府于 1991 年颁布的《规划与补偿法》以及 2004 年颁布的《规划和强制性购买法》均把乡村规划确定为鼓励可持续发展的规划，集社会、经济和环境于一体，重视乡村的多样性发展。

二、英国乡村规划的特征

随着不同时期英国乡村规划问题的不断深化，乡村发展目标逐步走向多元化，乡村问题涉及的空间尺度变得越来越复杂。英国采取的系列措施逐步形成了一套较为成熟的乡村规划体系，以解决乡村规划中面临的农业生产、乡村生态环境保护、乡村多样化发展等问题。

（1）乡村规划解决农业危机和关注农业生产问题

二战后，英国意识到保护农业发展和自给自足农业的重要性，政府将农业作为乡村地区的首要功能，认为农业的首要作用是确保粮食供应安全。在此政治背景下，乡村地区进入了"生产主义"时代。由于该时期的规划核心思想是国家安全问题，因此以政府为主导制定了一系列政策、措施，明确关注乡村农业生产用地的保护以及第一产业生产力的提高，减少英国对农产品进口的依赖性。围绕保证生产的国家政治战略需求，对农业、林业和其他初级产业都进行了国家干预，严格限制和控制这些乡村地区的发展，乡村规划主要涉及农业生产区域、自然生态区域等。

（2）乡村规划促进乡村休闲娱乐

20 世纪 50 和 60 年代，乡村田园风光的价值逐渐凸显，乡村旅游和休闲产业迅速发展，乡村地区作为休闲目的地而流行起来。随着乡村发展方式的转变，乡村规划开始不再以国家粮食安全为最主要的目的，而是转向了寻求乡村自然景观环境和农业生产之间的平衡，英国乡村发展策略的核心内容转向了保护环境。一方面规划持续关注休闲娱乐，促进"友好开发"，相关做法包括建立"国家公园管理委员会"和"公园规划办公室"，其主要职责是负责保护文化遗产和野生动物、提升自然环境质量、保障公众平等享有开放空间的机会；另一方面认识到规划在乡村社区层面的影响力，规划立场转向"以社区为中心"，鼓励"地方社区与国家公园在社会与经济方面进行合作"。

（3）乡村规划关注乡村环境质量和保护生态

随着乡村休闲娱乐功能的兴起，乡村环境的维护成为日益重要的责任。英国确立了国家公园、杰出自然风景区和其他被指定要保护的地区，以保护乡村环境质量和生态环境。乡村规划在保护乡村自然环境中起着非常重要的作用，规划范围涉及各类自然保护区，在国家尺度中进行保护区的指定，在地方设立独立机构进行具体规划与管理。

（4）乡村规划注重追求乡村多样化发展

21 世纪的全球化加速了乡村地区日益严重的经济两极分化，乡村就业的总体模式已经与城市地区的结构非常类似，城乡边界逐渐模糊，乡村地区已经成为实现综合和可持续目标的重要组成部分，乡村体现出"可持续价值"。随着乡村可持续价值的凸显，乡村表现出区域化特征，体现为在经济上向"次国家"层面聚集；乡村居民生活范畴向乡村以外地区的空间扩展；国家政治和管理向"多层管理"结构转变，将城乡政治、经济、社会等矛盾和发展诉求统一到一个规划体系之中解决，区域尺度成为规划体系中新的核心控制和管理尺度，成为国家乡村发展战略框架与地方需求相交接、转换的规划层次。

三、相关政策与法律

（1）农业政策

通过1947年《城乡规划法》，英国的农业用地从开发控制中得到保护，乡村土地保留作为农用，保护耕地免受侵蚀。由于严格控制开发，乡村不需要编制土地利用蓝图，而转向了通过政策来干预和管理。1972年之后，加入欧洲共同体的英国开始受共同农业政策（CAP）的指导，主要措施是统一农产品价格、进行市场干预、进行出口补贴和差别关税。“农业政策”作为规划工具对英国乡村发展起到了非常关键的作用，有效保护和改善了乡村环境，极大地改变了英国乡村的发展轨迹。共同农业政策在不断的改革下引入了农业-环境政策和资助方案，如今的欧盟农业政策可通过对农村的直接偿付或针对乡村开发基金的方式资助更为多样的乡村生产活动。

（2）环境政策

环境政策从共同农业政策中分化而来，环境政策规定农民不仅是粮食生产者，还是乡村事务管理者，有义务协调好粮食生产与生态环境保护的关系和保护耕地免受污染。主要通过建立技术指导与培训、物质奖励等一系列鼓励农民保护环境的补偿政策来进一步促进乡村环境的提升。环境政策主要目标包括：维护野生动植物的多样性；保护其栖息地的生态环境，保护自然资源；保存大量的乡村自然风光带；打造新型乡村旅游。

2.2.2 德国

在“全球城镇化”的时代，德国乡村规划发展的实践较为成功。相比于城市，德国人更乐于生活在小城镇或者乡村之中，全国70%以上的居民生活在10万人以下规模的城市，多数人居住在1 000~2 000人规模的村镇。近年来，德国针对早期人口空心化带来的乡村活力不足甚至逐步消失等乡村发展难题，探索出了成熟有效的解决路径。

一、发展历程

德国城乡规划历史悠久，相关行政体制体系相对完整，法律制度较为完善。二战后，德国乡村规划发展历程可归纳为以下三个时期。

第一时期（1945—1965年）：以乡村地区产业、建筑和基础设施规划为重点的乡村规划。二战后，德国城市化加速，人口向大城市集中。为解决乡村衰落问题，原联邦德国在1954年和1955年先后颁布《土地整治法》和《农业法》，通过增加小城市和村镇的就业机会，完善其产业配套设施与服务设施，投入大量基础建设项目，增强小城市和村镇的吸引力，提高农民和农业收入，形成产业和人口“逆城市化”发展趋势。

第二时期（1965—1985年）：保护环境和塑造特色的乡村更新规划。工业化后期，德国工业污染严重，大量居民迁往乡村生活，造成乡村建筑密度增大、土地开发过度、乡村特色消失等问题。为塑造乡村特色、保护乡村生态景观，《联邦建设法》和《城市建设促进法》分别在20世纪60和70年代出台并提出了“城市与乡村地区的城市设计性更新”。1976年《土地整治法》的修订，突出了保护和塑造乡村特色。1977年，由国家开始实施以“农业-结构更新”为重点的村庄更新计划，1984年开始，乡村更新被确定作为“农业结构和海岸地区保护议程”中的独立内容。

第三时期（1985年至今）：可持续发展和整合性的乡村更新规划。世界可持续发展理念提出后,乡村多样化价值如文化、景观、生态价值逐渐引起重视。在欧盟区域整体发展政策背景下,德国政府将区域整体性发展纳入乡村规划理念。因此, 20 世纪 90 年代后期,德国政府重新定义乡村角色和功能,使乡村更新规划适应于欧洲区域整体发展规划。经过逐步演变,由政府推动的自上而下的村庄更新计划已成为“整合性乡村地区发展框架”。

二、德国乡村规划的行政体系

德国的乡村规划由地方政府和农业部、林业部、联邦运输部、建筑管理部等行政部门共同负责,地方政府负责组织和管理规划任务的制定,行政部门负责统筹农业、林业、基础设施及公共交通等专项内容的规划与实施。根据《建设法典》的规定,政府在决定编制规划、具体编制到规划实施的整个过程中,要保证公众的广泛参与。因此,在农村综合规划当中还有由地方政府、各学科的专家代表及公民代表组成的社区协会,其中专家包括景观设计师、规划设计师、建筑设计师和生态学家等。公民参与主要分为两个阶段:第一阶段是在规划草案制定之前,就规划的编制和调整发表建设性意见;第二阶段是对已完成的规划方案进行审查,提出意见及建议,从而形成一个符合当地村民意愿的规划目标。

三、德国乡村规划的主要内容

德国乡村规划将邻近的、具有相似性的多个村庄联合成一个社区,在区域范围内进行多方面的统一规划,以提高居民生活质量、全面提升农村地区的内在生长力和外在吸引力为目标,强调保证农村在经济、社会和文化方面协同发展。与以往规划相比,最大的不同是在追求经济发展的同时,也重视生态和景观的保护,避免因只追求经济发展与快速建设而忽视对环境的保护进而造成生态环境恶化等问题。乡村规划的具体内容包括整理土地结构、保护自然环境、建设基础设施、保护历史遗迹、改造和翻新建筑等方面,不同的乡村需基于自身的现状和发展要求制定具体的规划内容。总体来说,整理土地结构不仅可以提高农业产量,还可以为自然环境的修复、基础设施的建设和交通线路的规划创造空间,使乡村的功能布局更加合理完善。对乡村历史遗迹和建筑文化的保护则可以传承乡村的传统景观,对延续地方文化有积极的作用。

四、乡村规划的措施及特点

(1)以保留乡村文化特色方式增强农村文化认同

有效利用当地资源优势,保持当地特色文化和传统,是推动乡村发展的重要手段。德国十分注重乡村规划的引领作用,注重保持乡村特色,尊重当地历史文化传承,开发当地优势资源,使现代文明与乡村传统有机融合,切实避免建成风格雷同、产业结构相似的乡村和小镇。20 世纪 70 年代的村庄规划非常重视保护和塑造乡村特色,保存了大量历史文化遗产古村落,德国城市区域与村庄区域泾渭分明,在村庄区域形成了风貌各异的乡村小镇。同时,德国在制定规划的过程中,注意以大范围已明确的空间布局为基础,局部留空留白,给未来发展、布局调整留下发展空间;对村庄规划每 5 年做一次调整,注重发挥专家智慧、吸纳村民合理化意见,并经过议会审议同意。20 世纪 90 年代,在可持续发展理念的影响下,德国提出“村庄即未来”的乡村建设口号,大力发掘乡村地区的生态、文化价值,在旅游、休闲产业方面取得了巨大成功。现如今,德国乡村中始终保留着既传统又具历史特色的乡村文化,有数百年历史的教堂,有传统建造风格的房屋,有历史气息浓厚的五月树景观等,在现代生活中长期保持着地方历史文化基因,增加了乡村的纵深感与独特性。

(2)注重推进城乡融合发展

德国十分注重城乡协调统筹,第一、二、三产业融合发展,推进产业合理布局,培育地区性主导产业,引导劳动力、技术、资金等生产要素向广大农村地区集聚流动,逐步实现城乡一体化、工农融合发展。注重将电商平台、大型超市、大型企业、体育项目等各类要素引入乡村,为农村居民本土化就业提供更多渠道,创造宜居宜业宜闲的环境是推动乡村可持续发展的有效措施。例如,德国北威州多玛根市由 16 个区组成,通过降低税收、改善生态环境等营造优良的营商环境,开展招商引资,建设宜居廉价生态公寓,吸引拜耳、巴斯夫等公司将生产基地向郊区转移,并辐射周边农村人口,带动当地就业,促进城乡融合发展。

(3)注重自上而下与自下而上的规划过程

"自上而下"的规划过程体现在完善的乡村规划法规体系上。各州地方政府在实施村庄更新的过程中,依照联邦政府颁布的相关法律体系,制定有利于乡村发展的地方乡村规划,修订州内乡村更新的规定。例如,调整地块分布、改善基础设施、调整产业结构、保护传统文明、整修传统民居、保护和维修古旧村落等。"自下而上"的规划过程主要体现在乡村更新过程中作为村庄主体的村民参与程度,公众参与在乡村更新过程中占有重要地位。根据联邦建筑法典,公民在乡村规划实践过程中有权参与整个过程,并提出自己的建议和利益要求。在乡村规划过程中,乡村政府通过举办议会投票、设计讲座、公众集会、媒体宣传、建立网站等方式,将有关信息及时传递给村民,征求村民意见后,综合整理出更好的村庄更新具体措施。

五、相关政策与法律

随着步入后工业化阶段,德国的城乡关系发生了较为明显的变化,逐步形成了"城乡等值化"的城乡空间规划体系。为了实现新时期的规划目标, 1987 年,德国颁布了《建设法典》,确定了德国城乡规划的基本框架。《建设法典》是德国城乡规划的核心法规,其出台标志着空间整备与区域规划发展目标的结合,同时各个州制定了州域规划,逐步实现了国家与地方自治的共同任务。《联邦空间秩序规划法》《联邦城市建设促进法》等法律的颁布,指导联邦层面、联邦州层面、州下属区域、地方社区层面空间规划工作的开展,对全国的空间秩序、区域发展、生态保护、设施保障等提供综合的引导与调控。《建设法典》《州域规划法》作为州域规划的法律依据,监督各州制定自身的"州域发展规划"。在州域发展规划确立的基础上,还有针对土地利用、环境保护、建筑更新等专项内容制定的《土地整理法》《联邦自然保护法》《建筑利用条例》等法律,作为各个专项规划内容的参照与支撑。

六、资金支持

为了促进乡村地区发展,德国联邦发起了"农业结构优化及沿海保护""地方经济结构优化"行动、"小城镇-跨地区合作及网络"计划等联合行动,并提供定向资金支持,旨在保证德国乡村农林业的发展能力,使其符合未来社会发展的需求。此外,德国大力实施财政支持和居住地征税的财政保障制度,为乡村地区发展提供有针对性的资金支持。在农村公共基础设施建设和维护上,欧盟、国家和州各级政府都有相应财政资金保障。同时,个人收入所得税由居住地征收和使用的制度,调动了居民对乡村建设的积极性,提升了乡村的自身建设与发展能力。德国政府基于欧盟的农业政策框架,在 2014—2020 年投入 175.8 亿欧元(平均每年约 25 亿欧元)支持乡村发展,其中 94.4 亿欧元来自欧盟, 81.4 亿欧元来自德国联邦及地方政府。此外，德国还充分利用欧盟农业基金支持乡村农业发展，强调自然资源可持续利用。

2.3 东亚国家——日本

日本属于典型的人多地少型国家，平均每户的耕地经营面积约为 1.8 公顷。日本农村大多为分散的小农户，人口比例也日渐缩小。在日本，“乡村规划”又叫“农村计划”，是指以国家或市町村等地方自治体为主体，以一定的乡村地域为对象，通过拟定目标，结合相关规划手段和方法，经过一定的规划编制和实施程序，而制定的各种计划。日本乡村规划主要包括农业、生活、环境三方面的内容。农业方面主要包括农地长期保全目标的设定、农业土地利用规划、基础设施整备规划、农业多元化功能应用等；生活方面主要包括村落设施规划、景观形成与环境保全、建筑规划与建设等；环境方面主要包括绿地保全、生态系统保全、景观和舒适性保障等内容。近些年，为保障乡村规划的有序进行，日本政府或相关部门采取了一系列科学有效的措施，指导了日本乡村环境的可持续发展，取得了良好的规划成效。

一、发展历程

根据经济、社会、环境、城乡关系等，日本乡村规划可分为以下四个时期。

第一时期（1945—1955 年）：以完善土地制度为核心的乡村规划萌芽时期。二战之后，日本国土荒废已久，百废待兴，为解决国内最基本的粮食需求，日本开始实施荒地开垦、土地开发整理与农地管制等乡村开发政策，并解决乡村通水通电等问题，对乡村进行建设，形成了乡村规划发展的基础。围绕乡村开发，以土地制度为核心的制度建设成为乡村规划政策重点，并通过颁布相关法律等国家强制手段保障实施。1949 年 12 月，日本政府颁布《土地改良法》，这项法案颁布的目的在于完善农业用水排水建设、满足耕地整理开发建设需求。1952 年，日本政府颁布《农地法》，涵盖农地权属、利用、流转等各领域，成为乡村土地利用规划的主要工具。

第二时期（1955—1970 年）：以乡村振兴为核心的乡村规划建设时期。从 20 世纪五六十年代开始，日本经济高速发展，受工业化和城市化影响，城市扩张迅速，乡村空心化严重。日本政府于 1961 年颁布《食品、农业、农村基本法》，通过促进乡村振兴，减缓乡村和农业发展矛盾；1965 年颁布《山村振兴法》，具体包括土地整治、新农村建设和地域整治规划等内容。

第三时期（1971—1990 年）：以乡村整治规划为核心的乡村规划形成时期。20 世纪 70 年代末，日本兴起造町运动，以振兴产业为手段，促进地方经济的发展，振兴逐渐衰败的农村，内容扩展到整个生活层面，包括景观与环境的改善、历史建筑的保存、基础设施的建设、健康与福利事业的发展等。日本开始进入经济复兴时期，高质量生产和生活等需求与日俱增。为提高农业经营条件，改善居住环境，日本政府于 1987 年颁布《聚落地域整备法》，对乡村服务和基础设施规模与布局、土地用途、建筑用途等进行严格管制。

第四时期（1990 年至今）：以乡村景观规划为核心的乡村规划成熟时期。20 世纪 90 年代后期，为应对老龄化、经济萧条等问题，日本开始重新审定乡村功能。同时，为响应信息化、环境保护等时代背景要求，乡村规划的理念更加多样和丰富，重视美丽的乡村景观等营造，并偏向于乡村景观规划类型。

二、治理措施及特点

（1）乡村规划具有时间和地域的差异性

日本乡村建设政策呈现出明显的阶段性。以粮食自给为目标的乡村建设初始阶段，以土地规划和农业规划为主导；经济高速增长时期，日本乡村仍以乡村经济为主导，但乡村政策已逐渐转向乡村人居环境的改善和农民生活水平的提高，现代乡村规划的探索和实践开始萌芽；在经济低速发展期，日本的乡村政策调整为振兴乡村，以追求综合性的乡村可持续发展。目前，乡村规划逐渐发展成为独立的交叉学科，现代乡村规划体系已基本建立。

（2）产业发展是乡村规划的核心内容

日本乡村在不同经济发展阶段采取了不同的政策，但产业发展始终是乡村规划建设的核心。从单纯追求粮食产量到引导工业进入乡村，再到乡村经济的多元化，日本政府一直认为产业是乡村发展的原动力。近年来，日本乡村大力发展乡村旅游产业，科学合理的乡村自然环境保护规划促进了乡村旅游产业的良好发展。

（3）乡村规划建设注重综合性和公众参与性

日本进入经济平稳发展期以后，乡村规划建设更注重综合性。规划内容主要包括：促进土地的合理利用，改善村民生活条件，延续地方传统风貌和文化传承，维护农业景观、村落自然环境与生态环境景观。日本的乡村规划建设注重自下而上的公众参与。20 世纪 60 年代，民众自发组织的造町运动对于保护日本乡村传统文化起着决定性作用。20 世纪 70 年代，日本倡导的"一村一品"运动是典型的自下而上的乡村规划建设活动，对乡村风貌和地方特色的营造起到了极大的促进作用。

（4）乡村规划注重综合协调配置资源

乡村规划并非简单的空间规划，其实质是对乡村的土地、劳动力、水、景观等各种资源进行综合的空间调配，涉及国家与地方、城市与乡村、团体与个人等多样化主体，且这种调配应由早期的国家主导逐步转换为市场运作机制，以适应经济社会发展的需要。日本在乡村规划中积极发挥各个主体的重要作用，综合协调配置资源。从国家层面来说，在二战后的粮食紧缺阶段，政府通过宏观调控，集中发展农业等产业，以保障粮食增产，解决国民的温饱问题；随着经济的复兴，政府的重点转向工业，国家对乡村的调控多以法律法规、财政补助等形式来进行政策引导；当政府的财政支持减少时，国家又鼓励地方自治和村民参与制度，在相关政策引导下，充分调动规划建设主体的积极性。在乡村规划中，日本政府通过不断完善相关制度，使行政管理与公共服务等效力最大化，同时注重循环使用资源，旨在建设资源节约型和循环型乡村社会。

三、相关政策与法律

日本乡村规划主要通过《土地改良法》《农地法》《农业振兴地域整备法》等对农地的开发整理、管理管制和保护等方面进行规定，以实现农业的振兴和发展目的；主要通过《山村振兴法》《聚落地域整备法》《景观法》等法律对村落整备、农村生活环境整治提升、乡村景观营造等方面进行规定（具体见表 2-1）。

表 2-1　日本乡村规划有关的主要法律法规

分类	名称	制定和修订情况
土地方面	《自耕农创设特别措施法》《农地调整法改正法律案》	1946 年制定
	《土地改良法》	1949 年制定
	《农地法》	1952 年制定，1962 年、1970 年、1980 年、1992 年、1998 年、2000 年修订
	《农业基本法》	1961 年制定
	《结构政策基本方针》	1967 年制定
	《农业振兴地域整备法》	1969 年 7 月制定，1975 年、1980 年、1999 年修订
	《增进农用地利用法》	1980 年制定、1989 年修订
	《农促法》	1993 年制定
其他方面	《农山渔村通电促进法》	1952 年 12 月制定
	《町村合并推进法》	1953 年制定
	《离岛振兴法》	1953 年 7 月制定
	《振兴地方整备公团法》	1962 年 4 月制定
	《山村振兴法》	1965 年 5 月制定，1985 年修订
	《过疏地域振兴特别措施法》	1970 年制定，2000 年修订
	《农业地域工业导入促进法》	1971 年 6 月制定
	《半岛振兴法》	1985 年 6 月制定
	《综合保养地区整备法》	1987 年 5 月制定
	《聚落地域整备法》	1987 年 6 月制定
	《市民农园整备促进法》	1990 年 6 月制定
	《关于为搞活特定农村、山村的农林业，促进相关基础设施建设的法律》	1993 年 6 月制定
	《关于为在农山渔村开展度假活动，促进健全相关基础设施的法律》	1994 年 6 月制定
	《优良田园住宅建设促进法》	1998 年 4 月制定
	《景观法》	2004 年 6 月制定，2015 最终修订

第三章　乡村生活污水治理

不同国家根据国家自身乡村治理现状及特点，逐步探索出符合实际的乡村污水处理模式，并不断创新研发乡村污水处理技术，加强技术设备的应用与运维管理，形成一套成熟高效的农村污水治理体系。现阶段，全球最具代表性的乡村污水治理体系包括美国和日本两种模式：以美国为代表的管理模式，其实施过程强调以个人为主，国家通过组织成立相关部门、立法管理、技术指引和资金支持来规范标准运行管理流程；以日本为代表的管理模式，强调以政府为主导，并逐步引入市场参与和群众参与共同治理乡村污水。

3.1　北美国家——美国

美国治理农村污水的成功，得益于完整的分散型污水政策体系、多方位的运营体系和保障得力的资金支持体系。近年来，为了有效控制社区和农村水污染、保护环境和改善卫生条件，美国政府更是对简易且经济有效的分散型污水处理系统的应用进行了积极的鼓励和引导，分散型污水处理系统在农村水污染控制方面发挥着越来越重要的作用。

一、发展历程

美国水环境治理的发展历程与美国联邦制度的发展历程密不可分，自南北战争结束后，美国进入工业化和城镇化时代，水环境污染日益严重，水环境保护也逐步加强。美国水环境治理发展历程可分为起步阶段、发展阶段和成熟阶段。总结其整个发展历程，了解美国水环境管理政策发展演变的特定规律，对于深刻理解美国乡村水环境治理工作具有重要意义。

第一阶段：起步阶段（1898—1970 年）

19 世纪末 20 世纪初，美国和其他主要工业化国家出现了比较严重的环境污染。到 20 世纪 30 年代后环境污染问题进一步加剧，甚至发生了一系列骇人听闻的环境公害事件。自此，美国政府意识到环境保护的重要性，并采取相应的措施保护环境。

1898 年，美国颁布了第一部环保法《河流和港口法案》，规定禁止向州际通航水体和海港排放固体废物。1948 年，美国制定了《水污染控制法》，它是第一部水污染控制法规，对于规定污水排放以及地表水的质量标准建立了基础框架，并授权联邦公共卫生局对水污染状况进行调查，对公共污水处理厂提供贷款及咨询服务。1965 年，美国通过了《水质法》，首次采用以州水质标准为依据的管理办法，《水质法》规定水质标准包括 3 个组成部分：①水体现在和将来的用途；②依水体用途建立的水质标准；③达到水质标准的计划，包括预防措施、建设计划、监督和监测等。1969 年，美国颁布的《国家环境政策法》是各项环境法规中的纲领性法规，该法明确了联邦政府和各州的职责，确定了拨款数额，为环境保护法规体系的建立奠定了基础。可见，1970 年以前，美国是通过州颁布和实施“环境水质标准”来控制水污染的。

第二阶段：发展阶段（1970—1990 年）

1970 年，美国政府进一步意识到环境保护的重要性和紧迫性，正式组建了独立的环保机构——美国国家环境保护局（EPA）。从此，美国的环境保护进入了全面发展的时期。

1972 年，美国国会再次对《水污染控制法》进行了大幅度修正，通过了修正案即《清洁水法案》。《清洁水法案》大大加强了联邦政府在控制水污染方面的权力，建立了由联邦制定基本政策和排放标准、由州政府实施的强制性管理体制。《清洁水法案》基本确定了当代美国水污染防治的基本策略。该法在 1977 年、1981 年、1987 年又进行过三次重要的修改。1987 年修订的《清洁水法案》授权联邦政府出资为各州设立一个滚动基金，该基金以低息或无息贷款的方式资助各州实施污水处理项目。1974 年，美国出台另一部极其重要的水环境保护法律——《安全饮用水法案》，用于保证民众的饮水安全。

美国农村污水治理适用于《清洁水法案》。《清洁水法案》通过制定生活污水排放标准对农村污水处理设施进行监控，采用国家污染物排放消除制度对排入地表水的农村水处理设施实行排污许可证制度，采用最大日负荷总量计划对水质受损流域的所有农村污染源进行排放限制，实行总量控制。根据 1972 年的《清洁水法案》，美国的生活污水处理设施在 1977 年 6 月 1 日前全部执行二级处理标准。在 20 世纪 70—80 年代，集中式污水处理是美国乡村生活污水处理的主旋律，1972—1990 年，联邦政府将超过 620 亿美元的污水处理投资用于集中式污水处理设施的建设和升级改造。

第三阶段：成熟阶段（1991 年至今）

1990 年，布什总统签署了《污染预防法令》，标志着预防环境污染被摆在了突出位置，此法令强调预防污染的重要性，而不再走先污染后治理的老路，这是多年来美国环保思路的重大转变，因而美国环境保护进入了成熟阶段。此阶段，美国环境法规注重具体情况，要求根据不同类型的污染采取适宜的污染控制技术。

20 世纪，美国政府把对污水处理设施建设的投资集中在大型的集中式污水处理系统上，忽视了农村分散式的污水处理。调查显示，美国仅有 32%的土地适合安装依赖于土壤的传统式分散处理系统，然而基于发展的压力，这类处理系统被安装在土壤条件不宜、土地坡度不适、离地表水太近或地下水位太高的地点，这些状况容易导致不利的水力条件，并污染附近水源。而且，没有定期的检查和维护，还会造成固体物从化粪池溢流到吸收过滤场区以至于堵塞整个系统。1995 年的调查数据显示，至少 10%的分散处理系统（约 2.20×10^6 个系统）已失去应有的功能，且这一比例在一些社区高达 70%。不适当的设计、过时的技术和管理的不善，使得化粪池系统已经成为对地下水的第二大威胁。从 20 世纪 90 年代起，联邦政府开始寻找可替代集中式污水处理系统的方法，鼓励各州、地方政府根据具体的土壤、地质条件尝试使用各种类型的分散式处理系统。20 世纪 90 年代后期，分散式污水处理逐渐开始在美国流行。

在污水处理方面，《清洁水法案》发布以后，美国的污水处理状况发生了很大的变化。经过大规模污水处理厂的建设，现在生活污水至少经过二级生化处理，有些敏感区域还要求进行三级处理，经过三级处理的废水可以达到饮用水水质标准，大都进行回收利用。就分散式污水治理发展而言，分散住户采用化粪池处理污水初期并没有受到严格意义的政府管理。1997 年，EPA 向国会提交了关于使用分散式污水处理系统的文件，第一次阐述了 EPA 的立场。2001 年，EPA 出台了导则，规定要有污水排放许可证。2002 年，EPA 发布了《分散污水处理系统手册》，用于指导地方管理分散污水处理。2003 年，EPA 发布了《分散污水处理系统管理指南》，用以引导地方政府和群众在适当的地方安装分散式污水处理系统，并配合管理、维护。2003 年 9 月，EPA 确认分散式污水处理系统（Decentralized Wastewater Treatment Systems，DWTS）作为国家废水基础设施的重要组成部分。

就资金而言，1987 年以前美国污水处理设施的建设费用大部分来自联邦拨款计划，该计划从 1973 开始至 1990 年结束，用于污水处理工程的资金超过 600 亿美元。从 1987 年开始实施的《水治理法案》要求联邦政府用分配给各州的拨款建立水污染控制工程的周转基金，各州提供 20%的匹配基金用于支持污水处理以及相关的环保项目。在项目资金筹措方面，作为促进州和地方投资于清洁水等国家基础设施项目，美国多年来推行的“滚动基金”刺激了当地对废水基础设施的新投资，进而促进了美国分散式污水治理工作的推进。2015 年，各州均已有比较完善的滚动基金计划，已向污水处理项目贷款 958 亿美元。

二、美国乡村生活污水治理技术模式

（1）分散式污水处理系统

① 分散式污水治理组织机构

美国分散式污水治理的组织机构框架如图 3-1 所示。在联邦层级，国家环保局设立并管理与分散式污水处理系统相关的计划和项目。州和民族地区政府通过各种行政部门管理分散式污水处理系统，通常是由州或民族地区公共卫生办公室负责制定规章，由地区或者当地的州办公室执行管理。县级政府担负管理辖区内分散式污水治理的职责。由于各州立法和组织机构的不同，管理能力、管辖范围和当地政府管理分散式污水处理系统的权力也不尽相同，通常是根据当地政府的能力和管辖的环境来确定其最终的职责。美国的州还可以根据需要设置特殊管理实体，负责实施某一区域（社区、县甚至全州）的分散污水治理。民间非营利机构是另一个确保分散式污水处理系统有效实施的组成部分。管理部门可以与具有资质的民间管理实体签订合同，委托其完成分散式污水处理系统的规划、评估、技术咨询或培训等工作。私人营利性质的实体主要提供管理服务，通常由州公共事业委员会监管。

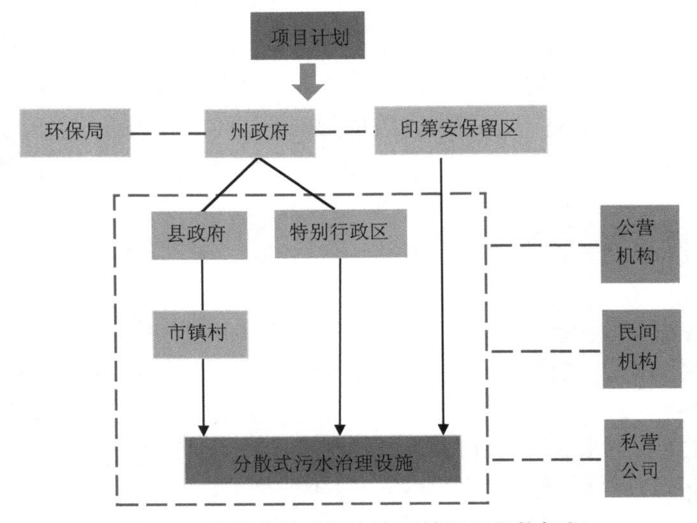

图 3-1 美国分散式污水治理的组织机构框架

② 分散式污水处理技术的主要类型及特点

美国城镇化率高，农、林、渔业人口只占美国总人口的约0.7%，农村很少，分散的小型社区较多。美国分散式污水处理的定义适用于农村地区或人口低密度发展区和人口少于1万人的小型社区。分散式污水处理系统是美国污水处理的一个非常重要的组成部分。据统计，美国在城郊地区已经安装了约2 500万套分散型污水处理系统，约有1/4的人口和1/3的新建社区在使用分散型污水处理设施，由分散型污水处理系统处理的污水量达到1.7×10^7立方米/日。对于分散型污水处理系统的应用，联邦政府没有任何强制性的法案命令或执行标准。分散式农村生活污水处理技术是美国农村污水治理的内驱动力，自《清洁水法案》颁布以来，分散式污水处理系统作为一种永久性的处理方法，广泛应用于排污点分散、基础设施落后、资金相对缺乏的农村地区。

分散式污水处理系统的特点有：一是投资成本低、维护管理简单；二是动力消耗小、符合生态友好要求；三是技术成熟、运行稳定。对于住户和排污点分散、配套管网建设滞后、资金缺乏、管理水平相对落后的农村地区，分散式污水处理系统在运行管理方面具有优势，可以实现污水就地处理和回用，具备灵活多样的技术工艺，减少了排水管网的基建费用和运行费用。

美国分散式污水处理系统主要包括两种形式：原位处理系统（Onsite Wastewater Treatment System，OWTS），通常由化粪池和土壤渗滤系统组成；群集处理系统（Cluster Wastewater Treatment System，CWTS），用于两户或两户以上的污水收集和处理系统。从农村生活污水处理技术层面来讲，美国分散式污水处理技术可概括为传统的土地处理系统以及其他替代系统。传统的土地处理系统由化粪池和土地渗滤系统构成，即污水进入化粪池经厌氧分解去除部分有机物和悬浮物，化粪池出水在土壤中通过物理、生物等作用进一步去除污染物。该系统投资低、操作简便，但对于土壤的渗透性、水力条件等有一定要求。近30年来，美国根据农村污水水量水质变化、污染物种类、土壤条件等因素，开发出许多替代系统。替代系统主要分为好氧处理系统和厌氧处理系统，具体包括悬浮生物膜系统、固定生物膜系统、序批式反应器系统、上流式厌氧流化床处理系统等。其基本处理过程为污水经化粪池预处理后，在重力或压力驱动下进入好氧或厌氧处理系统处理，其出水进入土壤渗滤系统进一步处理，或经过滤和消毒处理后排放或回用。美国农村分散式污水处理技术具体介绍见表3-1。

表3-1　美国农村分散式污水处理技术

名称	技术原理	优点	缺点	适用范围
化粪池+土壤渗滤系统（图3-2）	化粪池出水通过渗滤沟、渗滤腔或滴滤等方式投放至土壤，经砾石过滤后，在土壤中进行吸附、微生物降解处理	便于建造和维护；应用广泛	占地面积较大	适用于农户住宅有闲置土地的农村地区
化粪池+人工砂滤系统	化粪池出水进入储液罐后，由泵输送至人工沙丘或砂箱系统，由砾石、沙子等过滤后进入土壤处理	净化能力强、效率高；建造位置灵活	造价成本高；处理后期能耗高	适用于地下水位较高或靠近水源的农村地区

续表

名称	技术原理	优点	缺点	适用范围
化粪池+蒸发渗滤床系统	化粪池出水进入蒸发渗滤床系统，在光照强、温度高作用对将污水进行蒸发处理	处理效率高、周期短	对阳光、温度、气候等环境条件要求高	适合温度较高、气候干旱的农村地区
化粪池+人工湿地系统（图 3-3）	利用人工湿地系统中的微生物、植物和人工介质作用，吸收营养物质，去除有害物质，实现污水净化	投资成本低；维护简便；可美化景观	占地面积大；对水生植物影响大	适合污染物排放量少、人口密度较低的农村地区
化粪池+多户联用土地处理系统	将多个农户的污水收集至集中排水区，通过布水管扩散至滤层进入土壤处理	对农户庭院面积要求低	集中处理占地面积大	适合住宅相对集中的农村地区
化粪池+悬浮生物膜系统+沉淀池+土壤渗滤系统	化粪池出水进入悬浮生物膜系统，在曝气条件下，根据活性污泥原理形成悬浮生物膜，利用好氧微生物降解可生化有机污染物、悬浮固体等污染物，其出水进入沉淀池后进入土壤渗滤系统	处理效果好；对地下水污染程度小	对季节和温度敏感性强	适用于农村单户住宅就地处理
化粪池+固定生物膜系统+沉淀池+土壤渗滤系统	化粪池出水在反应器填料（砾石、塑料）表面形成固定的生物薄膜，利用好氧微生物去除部分有机污染物和悬浮固体，其出水经沉淀池后进入土壤渗滤系统	对进水缓冲能力强；维修管理方便；处理效果好	易受气候条件、低温条件影响	适用于农村单户住宅就地处理
化粪池+序批式反应器系统+土壤渗滤系统	利用活性污泥原理，将化粪池出水整个处理过程按时间顺序在同一反应器内进行，去除有机物、固体悬浮物等污染物后进入土壤渗透系统处理	对进水缓冲能力强；处理系统自动化程度高，处理效果好	易受气候条件、低温条件影响	适用于农村单户住宅就地处理和小型群集处理系统
化粪池+上流式厌氧流化床+土壤渗滤系统	化粪池出水利用上流式厌氧流化床中的厌氧微生物去除有机物、固体悬浮物等污染物后，进入土壤渗透系统处理	设备种类多；处理效率高	设备清洗不便；成本较高	可处理高浓度污水；适用于气候炎热、气温较高的农村地区

图 3-2　美国分散式污水处理系统地下渗滤装置（图片来源：美国 EPA）

图 3-3　美国罗德尔研究所研发的“化粪池+人工湿地”分散式污水处理系统(图片来源:美国 EPA)

(2)高效藻类塘系统

稳定塘是一类利用有天然净化能力的生物对污水进行处理的构筑物的总称。污水在塘内经较长时间的停留、贮存,通过微生物的代谢活动,并伴随着物理的、化学的和生物的过程,对污水中的有机污染物、营养元素和其他污染物进行多级转换、降解和去除,从而实现污水的无害化、资源化和回用。

美国加州大学在传统生物稳定塘的基础上,充分利用菌藻共生关系,提高塘内一级降解动力学常数值,研究出高效藻类塘技术(图 3-4)。高效藻类塘较传统的稳定塘停留时间短、占地面积少、建设容易、维护简便、基建投资少、运行费用低,缺点是受光照、温度、水深和塘内流速的影响大。该技术适用于土地资源相对丰富而技术水平相对落后的农村地区。目前,高效藻类塘在美国、法国、德国、南非、以色列、泰国、新加坡等国都有应用。

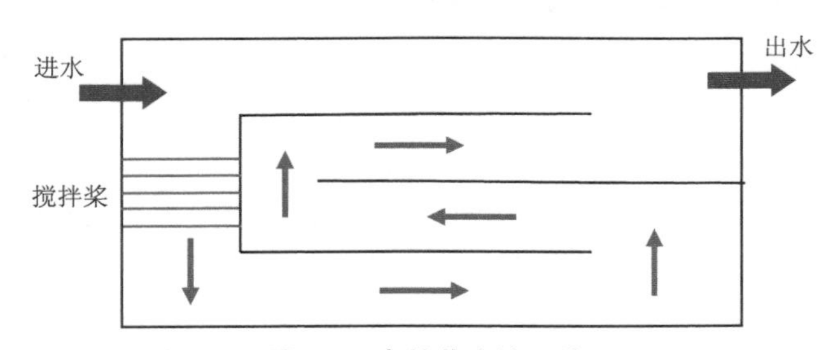

图 3-4　高效藻类塘系统

三、相关政策与法规

污水处理政策和法律体系是美国农村污水治理的有效保障。为了维持分散型污水处理系统的良好运行,美国针对农村生活污水出台了一系列相关政策和法律,经过长期的探索和实践,已发展得相当成熟,对美国农村水环境改善发挥了重要作用。其特点如下。

(1)科学严谨,覆盖面广

美国有关污水处理的政策与法律内容设计严谨、分类精细、覆盖面广、可操作性强。例如,联邦层面通过制定《清洁水法案》加强水污染控制方面的管理。《清洁水法案》以生活污水排放标准为依据对农村污水处理设施进行监控管理,以国家污染物排放消除制度为参照对排入地表水的农村污水处理设施执行排污许可证制度,依据最大日负荷总量控制计划对水体受污染流域的农村污染源实行总量控制,制定排放限值,多层次、多角度的法律约束使得农村污水治理取得显著成效。此外，EPA 还针对少数部落依据其部落特点制定了相应的政策与法律，例如 2004 年发布了《现场污水处理系统的部落管理》，以帮助种族部落正确使用和管理污水处理系统，保障污水处理系统在部落范围内正常运行。

（2）责任清晰，协同管理

美国在制定分散式污水治理相关政策和法律时，相当重视联邦、州、地方等政府部门、公共机构、市场、民间协会组织等主体之间的共同协作，在相关政策的支持下，通过法律手段夯实农村污水治理各参与主体的职责与分工，从而保证美国农村分散式污水处理系统高效运转。政府部门负责相关政策与法律的制定、执行和监管，公共机构、私人企业和民间组织等通过与政府签订合作协议的方式，建立合作关系，在法律保障下，对分散式污水处理系统的研发、设计、建设、运行、维护、培训、推广等提供相应服务。例如，2005 年，EPA 与国家乡镇协会、国家环境健康协会、国家污水处理技术人员协会等主体签署了分散式污水处理合作协议，明确了各方在分散式污水处理项目中的具体职责。2020 年，在原有合作基础上增加了与州、地方政府、相关从业者、供应商、承包商等主体之间的合作，合作伙伴增至 20 个，实现了分散式污水处理系统的高效管理。

（3）条款细致，重点突出

在联邦政府层面，国家环保局的职责是通过执行《清洁水法案》《安全饮用水法案》《水质量法案》和《海岸带法修正案》来保护水质。在这些法案下，国家环保局设立并管理许多与分散型污水处理系统管理相关的计划和项目，包括水质标准项目、最大日负荷总量计划、非点源管理计划、国家污染排放削减系统计划和水资源保护计划等。《水污染控制法案》《清洁水法案》《水质量法案》等具体法律内容如下。

《水污染控制法案》作为临时性实验法，经过 8 年的试用期，于 1956 年经审查修订为《水污染控制法修正案》予以正式通过，1961 年再次修订。该法案针对各州及地方政府在水质问题解决方面遇到的外部性问题，特别设立“联邦基金”，并专门成立“联邦水污染防治局”制定相关标准。虽然美国在 20 世纪 50 年代近十年的时间中，已投入 150 亿美元用以修建污水处理设施，但美国的水污染问题仍旧严重；60 年代末期，美国各种民间环保组织要求联邦政府制定更加强有力的水污染治理政策，以美国为代表的现代环境运动就此兴起。

《水质法案》成立“联邦水污染控制局（FWPCA）”授权各州制定水污染控制政策，要求各州政府间建立州际水域环境水质标准，并提出控制污染方案，设计实施计划，颁发许可，建立监控和强制计划。

《联邦水污染控制法案》是对 1956 年《水污染控制法修正案》的大幅度修正法案。该法案要求所有市政和工业污水在排入水体前必须进行处理，这种强制性大大增强了联邦政府的执法力度。1972 年立法的两个主要目标：①到 1985 年为止实行污染物“零排放”；②到 1983 年中水质实现“可钓鱼”（fishable）和“可游泳”（swimmable）。事实证明，这两个目标设得太高，到目前为止还没有完全实现。美国在 1972 年之后也对该法案进行了一系列修正，但是基本都是 1972 年法案的延续。

《清洁水法案》要求每个州针对州内所有水体建立水质标准，作为 EPA 污染源控制的一种补充。也就是说，EPA（或授权的州政府）负责发放排污许可证以及规范排污源，而州政府通过水质标准的建立对整体水质进行控制并对 EPA 提出反馈，告知哪里需要更多的减排或者治理，延迟达到排污限额的最后期限，为送到公共处理工程的废物制定新的治理标准，加强对有毒污染物的控制。

《水质量法案》规定联邦政府要为支持污水处理工程建设提供更多的财政支持，鼓励地方政府在国家环保署的协助下，根据地方具体条件和地貌状况使用各种不同的分散式污水处理系统；为支持公共处理工程的各州提供联邦补贴，要求州政府为非点源污染建立计划。

四、技术规范和标准

技术规范和标准是保证污水处理系统处理性能的关键，美国各州及地方政府以《清洁水法案》为重要依据，因地制宜地制定符合当地特点的污水处理技术规范和标准。美国分散式污水处理系统技术规范和标准分类细致、科学严谨，主要涉及不同类型污水处理系统的建造标准、污水处理设备的设计标准、设备组件的技术参数标准、运行系统的性能测试标准、污水回用或排放标准等。技术标准化有利于保证污水处理系统的处理效果，提升管理效率。例如，EPA 发布的《污水就地处理系统设计手册》《分散污水处理系统手册》等对化粪池结构、化粪池出水过滤器、储液罐、泵、布水系统、土壤渗滤系统等处理设施及其组件的技术参数进行统一，实现了标准化管理，保障了污水处理系统的高效运行。

五、资金支持

美国对分散式污水处理系统的资金支持注重过程管理，资金来源多样，资金资助涉及分散式污水处理设施的建造、运行、维修、更换等全过程，并结合信息化手段对资助项目的可行性进行综合分析，形成了科学有效的资助模式，值得我国学习借鉴。

（1）可行性分析是资金支持的前提

美国 EPA 对分散式污水处理系统相关项目的资助不是凭空而定，通常结合自主研发的分析工具对拟资助项目进行综合分析。例如 1979 年，洪堡州立大学编写的 WAWTTAR 程序具备成本估算功能，能够对分散式污水处理系统的建造、运行、维护、更换等投资费用进行经济核算，实现对项目各个资助环节的可行性分析。目前，美国 EPA 利用自主开发的融资方案对比工具（Financing Alternatives Comparison Tool），对拟资助项目进行财务分析，从而确定分散式污水管理项目的最佳资助方案。

（2）清洁水滚动基金计划是资金支持的重要来源

1987 年美国修订的《清洁水法案》中提出各州要建立清洁水滚动基金计划，即依靠联邦—州资助关系向社区和个人提供低息或无息贷款，贷款返还到周转基金后，再分配给后续项目。联邦政府主要负责向各州提供拨款，各州负责州内项目的运作，提供各种类型的资金援助，包括贷款、再融资、采购或保证地方债务和购买债券保险等。该基金是分散型污水处理项目的重要资金来源，约占联邦政府拨款的 20%。当基金不能直接贷款给私人实体时，可通过转手贷款先资助当地政府，再通过当地政府向户主或其他实体提供贷款或拨款。例如俄亥俄州家庭生活污水处理计划中超过 300 万美元的基金可以先提供给 44 个当地政府，再通过政府提供给个人，俄亥俄州清洁水滚动基金对家庭分散式污水处理系统的典型资助模式如图 3-5 所示。

多年来，美国大力推行的“滚动基金”有效刺激了当地对农村污水基础设施的投资，促进了分散式污水治理技术的快速发展。目前，各州的滚动基金计划已相当成熟，这些资金作为低息或者无息贷款提供给那些重要的污水处理以及相关的环保项目。贷款的偿还期一般不超过20年。所偿还的贷款以及利息再次进入滚动基金用于支持新的项目。根据有关分析，联邦政府向滚动基金每投入1美元，就可以从各州的投入和基金的收入里产生0.73美元的收益。2006年，仅分散式污水治理项目通过滚动基金获得贷款高达3.7亿美元；2015年，美国污水处理治理项目贷款高达958亿美元。

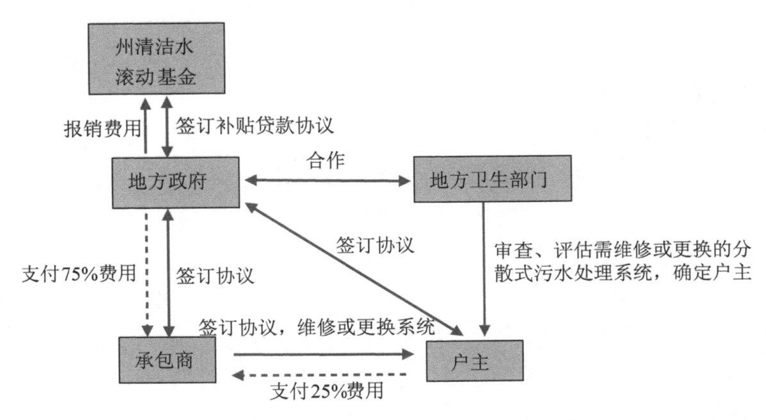

图 3-5 美国俄亥俄州清洁水滚动基金对家庭分散式污水处理系统的典型资助模式

（3）多种资助方式是资金支持的重要途径

在农村污水治理过程中，美国政府财政支持具有主导作用。近年来，美国政府逐渐引入社会资本，其支持手段从单一的财政补贴向与市场结合的多种支持形式转变。美国除实施州清洁水滚动基金计划外，还通过减免税收、发行市政债券、实施废水治理项目、实施社区污水系统综合管理计划、鼓励民间投资等措施为农村污水处理提供多种形式的资金支持。就分散式污水处理系统而言，美国主要通过EPA和其他组织形式提供相应的资金支持，具体的资金来源、资助方式及内容见表3-2。

表 3-2 美国农村分散式污水处理系统的多种资助方式

分类	资金来源	资助方式及内容
EPA	州清洁水滚动基金	利用联邦、州和其他项目资金，为分散式污水处理项目提供低息或无息贷款
	非点源资助计划	对分散式污水处理系统的操作培训、技术指导、项目示范等提供资助，有效控制非点源水污染
	水污染控制拨款计划	为各州、地区、哥伦比亚特区、印第安部落等提供联邦援助，以建立和实施水污染控制计划
其他组织	美国农业农村发展水环境项目部	以贷款、捐款等方式为农村和城镇地区的生活污水设施提供资助，公共机构、非营利组织均有资格获得资助
	美国住房和城市发展部	为包含分散式污水处理系统在内的公共和基础设施提供采购、建设或维修等长期的资金资助

美国国家环境保护署、美国农业农村发展水环境项目部、美国住房和城市发展部以及州政府对分散式污水治理提供多种形式的资金资助。《美国乡村发展战略计划：1997—2002

年》倡议并授权农业服务署发放777亿美元农村发展贷款，用于支持农村商业合作、住房、社区公共服务、电力、通信、水和废物处理以及贫困社区可持续发展方面的项目。2006年，分散式污水处理项目从滚动基金中获得贷款为3.7亿美元，占总额的4%，比2005年增加了1.38亿美元。2014—2018年，美国用于农村发展的支出为2.18亿美元。

3.2　西欧国家——德国

一、发展历程

德国的水资源比较丰富，人均水资源量高，时空分布比较均匀。德国在治理乡村生活污水中，经历了漫长的探索与实践，到目前已基本形成完善的法律制度体系、合理的治理模式和先进的处理技术。1957年，德国政府颁布实施了《联邦水法》。1957年至今，德国《联邦水法》已经历了7次修订，其中与污水治理和水资源环境保护密切相关的修订有4次。1976年，德国为了避免和减少污水排放对生态环境造成的日益严重的负面影响，政府开始实施污水排放最低标准要求；1986年，德国政府把水体作为自然生态平衡的组成部分，实施污水净化技术标准"危险物质"参照指标，其核心理念是要求考虑生态平衡；1996年，德国政府对《联邦水法》与欧盟实施的水资源管理保护法规进行了内容对接，并将污水排放统一技术标准扩展到污水收集和输送领域；2002年，德国政府将欧盟《水框架指令》相关要求落实到国内法中，并对既有的污水处理规划等内容进行了调整；2009年，德国联邦议会通过了新《联邦水法》，该项新法律承袭了原《联邦水法》的主要内容，并采纳了各联邦州水法相关内容，对于取用水量、水质、水资源管理做出了全面规范。这也是德国历史上首次在联邦层面拥有完整立法权情况下，制定的全国统一的、可直接适用的水管理法。

在联邦立法层面，除《联邦水法》和新《联邦水法》作为综合性水资源管理保护法规外，还包括《污水排放收费法》《饮用水条例》《地下水条例》和《污水条例》等法律条例，以及对水中有害物质含量的行政管理规定，这些法律法规使《联邦水法》和新《联邦水法》得以进一步细化。德国1976年通过《污水排放收费法》，2005年进行了修订。建立污水收费制度是德国首次按"谁污染谁付费"原则，收取环境保护费用。2005年，德国全年污水排放平均费率为2.28欧元/立方米，收取资金由联邦政府支配，专门用于支持水质量保护和提高。

就污水处理模式而言，近代，为促进东西德的均衡发展，德国投入大量资金对东部地区增加资金支持，按照西德标准配套基础工程。该决策致使早期德国的农村生活污水处理多采用集中模式，该模式的弊端在随后的东德农村地区人口外迁中逐步显现出来，集中建设的污水管网开始闲置，造成大量浪费。20世纪90年代，德国的农村生活污水仿照工业化的集中处理模式，但这种处理模式成本较高，容易产生大量污染沉淀物，尤其是其中的有害废物会给环境造成一定压力，导致周边水域的水体富营养化严重；21世纪后，德国改变了之前的处理模式，选择使用分流式处理模式替代原先的集中处理模式。德国农村生活污水的分流式处理模式是一种较为先进的处理理念和处理方法。2011年，面对德国农村空心化和集中管网的闲置等问题，政府开始探索人口稀少地区相对灵活的农村环保基础设施建设，根据人口、需求、农业、环境等因素建立灵活的分散式农村生活污水处理设施，成果显著。

在污水处理规模方面，早在1998年，德国污水处理率已达到99%。据德国联邦统计局水资源管理调查结果显示，2011 年德国共有 6 900 多家污水处理企业，建有污水处理厂近 1 万座，行业从业人员约 4 万人。

在污水处理技术标准方面，1991 年前德国采用传统曝气法、表面曝气法、A-B 两段工艺法和氧化沟法等技术工艺的污水处理厂所占比例较高。后来随着对水体环境质量标准要求的不断提高，1992 年德国制定实施了新的污水处理水质标准。1997 年，德国颁布实施了《污水条例》，对各行业污水排放制定了最低标准要求，2004 年又对《污水条例》进行了修订。目前，《污水条例》涉及居民生活及农业、工业、服务业等领域的 52 个具体行业。德国污水排放水质标准的监测指标包括：化学需氧量（COD）、生物需氧量（BOD）、总氮、总磷、砷和重金属、有机污染物（含氯农药、多氯联苯、多环芳烃碳氢化合物）等。

在技术产业化方面，2011 年，德国可持续水技术产品占世界市场总额的 10%，技术产品出口量位居全球首位，特别在水资源高效利用技术产品领域市场份额高达 20%，每年投资需求高达 80 亿欧元；德国在可持续水技术领域注册专利数量仅次于美国，居全球第二。

二、治理技术模式

德国自二战后开始探索弹性的分散式农村生活污水治理模式，德国在分散式污水处理方面最显著的特点：①装备化，制作成可现场安装或组合的装备；②标准化，颁布了相应的欧洲或德国的技术标准和安全标准；③规范化，有专门的认证机构按照相应的标准对各类设备进行严格检测，以保证产品质量。技术模式主要包括市政分散式基础设施系统、德国垂直流人工湿地技术系统和多样性污水分类处理系统三种，其中德国垂直流人工湿地技术系统推行最广也最生态。

（1）市政分散式基础设施系统

德国海德堡市郊的诺伊罗特村 2005 年底率先建成该系统。人们在没有接入排水网的偏远农村建造先进的膜生物反应器，平时把雨水和污水分开收集，然后通过先进的膜生物反应器净化污水。这一系统不仅可以降低污水处理成本，还能在净化污水的过程中获得氮气，使污水变成“宝”，增强农村土地肥力。

（2）德国垂直流人工湿地技术系统

垂直流人工湿地由介质层和湿地植物两大系统组成，利用这两大系统共同营造的生态系统，综合物理、化学、生物三种放大功效，可以使污水处理功效达到最大化。该工艺主要将农村生活污水通过水管道汇集流入沉淀池，经过沉淀池的 4 层过滤后，再经垂直流人工湿地净化处理，最后达标排放或用于农田灌溉。该系统的运转不需要化学药剂，所有的材料都来源于大自然，对周边环境没有二次污染。湿地表面干燥，没有积水，构成景观绿地，日常运行费用低，管理方便。

（3）多样性污水分类处理系统

德国在 2000 年研发多样性污水分类处理系统，该系统将污水分为雨水、灰水和黑水。其中，灰水指厨房、淋浴和洗衣等家政污水，黑水指经真空式马桶排放的厕所污水。居住区屋顶和硬质地面上的雨水被雨水管道收集，并汇入附近的地表水或者导入居住区内设置的渗水池。该渗水池属于小区的绿化设施，池底使用特殊材料如砾石等，使池中的雨水自然下渗并汇入地下水。在暴雨或降水量丰厚的情况下，还可以把多余的雨水导入相连的蓄水池，使雨水自然蒸发或通过沟渠汇入地表水。洗菜、洗碗、淋浴和洗衣等家政污水则作为灰水通过重力管道流入居住区内的植物净水设施进行净化处理。

三、相关政策与法规

德国污水处理得以成功实践，在很大程度上取决于德国较为完善的相关法律体系。德国联邦政府负责进行有关水资源管理法律框架的总体设计，联邦环境部是联邦政府负责环境和水资源立法的最高机构。各联邦州和市政府需要地方立法，可以将联邦政府制定的法律转化为地方法律，也可自行制定补充性规定，同时负责水资源管理法律条例的实施。

在国家层面，《联邦水法》是德国水资源管理的基本法，对水资源管理和保护规定详尽到具体技术细节，对城镇和企业的取水、水处理、用水和废水排放标准有明确规定。德国《联邦水法》明确规定，公共水供应和污水处理作为民生保障以及公共任务的权限由州法做进一步规定，这个任务通常由基层政府以及为此而建的公共专业联合会负责。《联邦水法》规定污水排放均须获得官方许可，污水处理厂的建设运营必须根据现有的最佳技术减少水污染，只有当污染物保持在最低水平时，才允许废水排放到水体中。通过分散式处理设施处理的生活污水也符合相关规定。近年来，《联邦水法》经历了多次修订，具体变化过程见表3-3。

表3-3 德国《联邦水法》的修订内容

时间	修订	内容
1957年	颁布《联邦水法》	共6部分、45条，之后经过7次修订
1959年	第1次修订	推迟生效日期至1960年3月1日，以使各州适应水法
1965年	第2次修订	开始重视水质保护，第一次规定运输对水有害物质要求使用管道设施
1967年	第3次修订	重视沿海水资源保护
1976年	第4次修订	新引入预防性原则；规定污水排放的相关要求；规定污水处理的机构组织和技术方面的要求；规定对水有害物质的存放、灌装及转移的设施等要求；规定对水资源保护施工的经营申请的提交及法律地位；规定水质保护管理规划的公示
1986年	第5次修订	将水体作为自然生态平衡的组成部分考虑，面源水污染受到重视；对危险性物质做出特殊规定，对污水净化的技术指标参照"危险物质"进行管理；确立水保护区的一些实体性标准，对化肥、农药做出具体要求；规定处理对水有害物质的存储、灌装及转移设施的要求，规定粪肥、粪液属于水危害物；修订了经营规划的目标
1996年	第6次修订	建立统一的技术标准，规定制定污水条例的许可授权；强调执行新要求的行为适当原则；规定污水处理可委托第三方进行，第三方可作为自我负责的任务承担者；将污水排放的统一技术标准扩展到污水的收集和输送；规定水管理法与建筑产品法需保持一致；规定水体保护受委托人的法律地位；将水体的自然状态作为新的法律目标；规定预防洪水危害
2002年	第7次修订	将欧盟水框架条例转化到水法；确立流域（集水区）、支流及河床整体的定义；明确地表水体、河口水体和地下水的区别与关系；删除污水处理规划、保持清洁条例及旧有权利经营规划方面的规定；对新的治理项目和经营规划的要求做了规定
2009年	颁布新《联邦水法》	承袭了原法规的部分内容，并吸收各州水法的内容，同时将欧盟指令及时转化到德国内法，实现了全国统一的、直接适用的水管理法

针对农村水污染防治，德国政府还出台了《施肥令》，使用强制性手段要求农户严格按照规定标准使用化肥，严厉打击滥用化肥的行为，《生态农业法案》不断推广清洁农业生产

模式，最大限度地降低农业生产对环境造成的污染。此外，德国严格控制畜禽污水的排放，未经处理的养殖污水不得排放，尤其是在特定的水源区范围内，畜禽养殖规模都受到了严格控制。

在德国，标准化研究所（DIN），水、废水和废物协会（DWA），以及结构工程研究所负责制定小型污水处理厂设计、工艺、运行和维护的行业标准、规范、导则、指南和技术认证等规定。分散式污水处理设施的建设已经由政府统一规划管理转向了市场配置，居民向小型污水设施建设公司购买服务，成本不再由政府承担。政府部门建立与污水处理相配套的监督和管理体制，分散式污水处理设施建设必须接受严格监管，监督管理模式主要有业主监管模式、专家监管模式、政府监管模式。监管要求所有污水处理设施必须符合联邦建设法的规定，并通过建筑审核和许可程序。

四、资金支持

德国城镇生活污水处理率大于 90%，资金来源于政府投入和个人参股。政府一般出资 75%~90%，个人出资 10%~25%，管理模式采用股份制，由公司负责污水处理厂的筹建和运行管理，公司对董事会负责，而政府是最大的股东。

德国利用经济手段对水体保护进行补充，特颁布实施了《废水征费法》，最终在水管理领域制定了联邦范围内统一的法律性框架。这是德国首次按“谁污染谁付费”原则，收取环境保护费用，费率取决于排水数量和其所含有危害物的性质。污水排放收费能促进水消费者尽可能降低排放。所收取资金由联邦政府支配，专门用于支持水体质量保护和提高。德国《废水条例》和《污水收费条例》中对废水处理和收费做了规定，将废水直接排放到水体中必须收费，这些费用是由联邦政府征收，并确保在实践中污染者付费原则（PPP），该费用支付给各州必须用于水污染控制措施。当小型污水处理厂符合 PPP 原则时，对于不同处理等级排放是免费的，如果污水浓度高于规定值，必须支付费用。

2012 年，德国联邦教研部最新启动实施了总经费约 2 亿欧元的《可持续水管理研究计划》，该计划首次在水资源综合管理框架内集成了可持续发展理念，突破了研究领域的限制，从水资源与能源、水资源与粮食、水资源与环境、水资源与健康、水资源与城镇化五大重点领域推进水科学研究创新。

3.3 东亚国家——日本

一、发展历程

日本的农村生活污水治理经历了长时间的探索阶段。20 世纪 50 年代后期，日本的经济高速发展，人口增长迅速，环境污染问题也与日俱增。由于当时农村下水道建设相对落后，导致农村生活环境和水环境条件较差。《下水道法》和《净化槽法》是日本有关生活污水治理最重要的两部法律。

1900 年，日本政府颁布了第一部《下水道法》，首次允许厕所污水排入下水道。1923 年，东京三河岛成立了日本最早的下水道污水处理厂。1958 年，日本颁布了二战后新《下水道法》。1964 年，日本成立下水道协会，制定了下水道建设及污水排放的相关标准。2003 年以后，日本多数地区采用“分流式”下水道建设模式，即将生活污水和雨水分开处理，雨水直接排入大海，而生活污水则被送入污水处理厂，利用沉淀、反应、消毒等技术处理后再利用或外排。

20世纪60年代，日本的水环境污染非常严重，未经处理的生活废水排放量大幅增加，成为河流等水体的主要污染源。1969年，日本采用净化槽系统处理生活污水，并制定了有关净化槽的标准。由于单独处理式净化槽没有净化功能，产生的污水需要通过清理后运至专门的屎尿处理设施进行处理。1975年起，日本开始加大投入，用于研发可以去除各类生活污水中有机物、悬浮物和病菌的合并处理式净化槽。1980年，日本研制出可处理粪便污水和其他类型生活污水的新型家用净化槽，大量运用于城郊新建住宅区和不适合建设污水管网的农村地区。1983年5月，日本制定了《净化槽法》，该法是一部将净化槽的生产、安装、维护、管理等各个环节进行统一规范的法律，同年10月《净化槽法》正式实施。1987年，为了进一步推广合并式净化槽，日本成立了净化槽对策室，在政府的大力推动下，创立了政府对个人安装家用小型净化槽的补助金制度。2000年，《净化槽法》再次修订，规定删除单独式净化槽，在新建房安装净化槽时只能安装合并式净化槽。根据日本环境整备教育中心公布的数据，2001—2012年，合并处理净化槽安装台数由176万台增长到323万台；而单独处理净化槽安装台数由705万台减少为453万台。近年来，日本乡村污水治理取得了良好的成效。据日本总务省统计局数据，2015年，全国污水处理覆盖率突破90%，其中人口不足5万人的市町村污水处理覆盖率高达77.5%。日本乡村主要采用分散式污水处理设施，一些农户通过建设单户或联户净化槽收集处理生活污水。部分村庄采用集中下水道式收集处理方式，并建设污水集中处理设施，污水处理产生的污泥也经过处理后进行再利用。

此外，日本还通过制定《生活污水处理规划制定指南》《农业村落排水设施设计指南》等，详细规定了农村生活污水治理的规划、财政、建设、运维等内容，为推动农村生活污水治理相关法律实施提供制度保障。经过半个世纪的发展，日本已建立了一套由政府机关、村民个人以及行业污水治理中介服务机构共同参与的治理模式。目前，日本已逐步形成以《净化槽法》为核心的标准体系和政府主导的实施体系，配套实施《净化槽法施行规则》《合并处理净化槽结构标准》和《净化槽构造标准及解说》，形成系统性的指引和规范体系。

二、治理技术模式

日本污水处理设施由下水道、农村集落排水和净化槽组成，其中农村集落排水和净化槽属于农村污水处理范畴，在农村污水处理设施中，还包括日本特有的粪尿处理设施。

（1）净化槽污水处理技术

日本净化槽污水处理技术是日本业界对一体化污水处理装置技术的统称，经过几十年的发展，按照设备污水日处理量的大小，分为中小型净化槽和大型净化槽，处理规模可实现1~200吨/天（表3-4）。其主要在排水管网不能覆盖、污水无法纳入集中处理设施进行统一处理的偏远地区推广使用。小型净化槽主要用于处理一家一户的生活污水，也是目前日本安装最多的净化槽，基本上在工厂内批量生产。大中型净化槽用于处理楼房和学校、医院、超市等排放的污水，大型净化槽一般会采用现场施工的安装方式，而中型净化槽会因工厂生产和现场施工不同而选择不同的壳体材料。净化槽具有安装投资小、时间短且不受地形影响的优点。此外，对于处理净化槽内的水和污泥也比较容易。

表 3-4 不同规模净化槽介绍

类型	处理能力	备注
小型	50 人槽（平均污水量 10 m^3/d 以下）	基本上在工厂批量生产，采用玻璃钢或者工业塑料
中型	51~500 人槽（平均污水量 10~100 m^3/d）	工厂生产的产品一般采用强化塑料，现场施工的设施一般采用钢筋混凝土结构
大型	500 人槽（平均污水量 100 m^3/d 以上）	一般现场施工安装，采用钢筋混凝土结构

工艺流程主要包括悬浮固体沉淀去除、生化处理、二次沉淀、消毒等环节，相当于一个小型污水处理厂（图 3-6）。有机污染物生化处理可采用厌氧滤床池、接触氧化、膜分离、流化床等工艺。其处理原理为污水进入厌氧滤床池后，在滤材的作用下，污水中大部分固体杂物和污泥会与污水发生分离，并存储在厌氧滤床池中。同时，厌氧滤床池也具有降解 BOD（生化需氧量）的功能，并且可以通过滤材中厌氧微生物的厌氧消化作用，实现污泥减量化的功能。当污水进入接触曝气池后，由鼓风机注入大量空气，在好氧微生物的作用下，污水中的有机物、氨、氮会被降解、氧化。曝气处理后的污水进入沉淀池后，悬浮物会在重力作用下发生沉淀，剩下的部分进入消毒池，经过消毒后排放。处理后出水的 COD（化学需氧量）和总氮可以达到一级 B 标准，对磷的去除效果不佳。一些厂家净化槽处理工艺末端采用自动计量投加化学药剂或者采取电解絮凝的设备进行强化除磷。产生的污泥一般运送至填埋厂填埋或焚烧。也有一些工艺采用在生化反应单元内投加有效微生物菌液，用强化系统内微生物的作用的方式来增强处理效果。2002 年，日本的深度处理净化槽技术已经非常成熟，可以达到出水 BOD_5（五日生化需氧量）<10 mg/L、TN（总氮）<10 mg/L、TP（总磷）<1 mg/L 的水平。

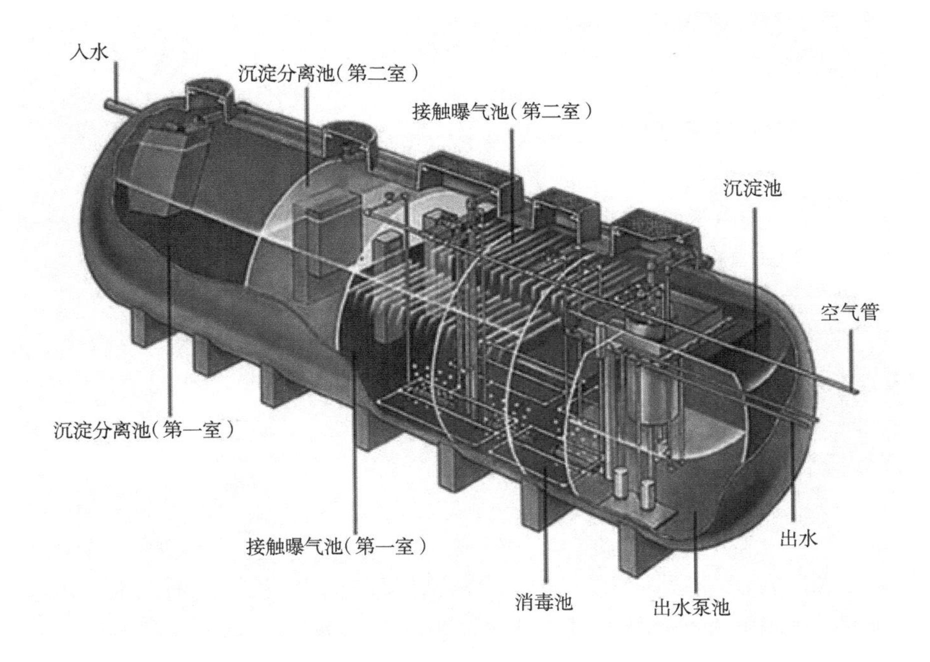

图 3-6 净化槽示意图

（2）日本农村集落排水技术

随着运行管理经验的提高及出水水质要求的提高，集落污水处理主流技术经历了接触曝气池、序批式活性污泥技术、氧化沟到目前间歇曝气技术及膜生物反应器（MBR）技术的变化。现在日本农村排水处理设施约95%采用的是日本农村环境保护和资源再循环协会（JARUS）研发的农村生活污水处理系统。该模式各处理方式的前处理和后处理均相同，主要区别在于厌氧池和好氧池结构填料及运行方式的不同。

JARUS研发的15种污水处理装置，主要采用物理、化学与生物措施相结合的处理过程，具有装置体积小、成本低、操作运行简单、处理效果好等优点，在农村应用较为广泛。装置可分为两大类：生物膜法和浮游生物法（表3-5）。其中，生物膜法是利用微生物具有氧化分解有机物并将其转化为无机物的功能，采取人工措施来创造更有利于微生物生长和繁殖的环境，使微生物大量繁殖，以提高对污水中有机物的氧化降解效率。浮游生物法可通过氧化沟法、膜分离活性污泥法等工艺实现。处理后的污水水质稳定，大多灌溉水稻或果园，或将其排入灌排渠道稀释后再灌溉农作物。

表3-5　农村集落污水处理技术

技术	处理工艺
生物膜法	接触曝气法
浮游生物法	序批式活性污泥法
	连续进水间歇曝气法
	氧化沟法
	膜分离活性污泥法

三、农村生活污水处理运行管理模式

日本的农村污水治理运营、服务和管理体系如图3-7所示，日本污水处理管理体系职责分工见表3-6。日本农村污水治理由行政机关、用户以及行业机构共同参与完成。污水治理设施设立时，由用户向行政机关提出申请。县（市）级的行政机关及其指定的机构，对污水治理设施的申请设立、变更、废除具有审批权，并通过指定的机构对建设与运行的质量进行监管。该监管有两种：一种相当于设施建成后的验收检查，主要对设施建成后的出水水质和运行状况进行评估；另一种是设施运行过程中的定期检查，相当于运行监管。作为第三方的行业机构在分散污水治理中担负很重要的角色。行业机构包括设备制造公司、建筑安装公司、运行维护公司和污泥清运公司，行业机构均须取得相应的资质，并且从业人员都必须通过培训和考试获取相应的专业证书。此外，还有专业性的行业协会和培训机构等，在开展分散污水治理技术的研究、推广、宣传教育、专业人才培养方面做出了很大贡献，每年都为该行业培训足够的合格的技术人员和管理人员。为保证农村污水处理设施能够正常运行，《净化槽法》规定设施建成后，3~8个月检查一次水质，以后每年检查一次；每年定期安排两次设备检修、水质监测和消毒药剂的补充，以及害虫的驱除等；每年至少进行一次（全曝气两次）污泥清理与处置。

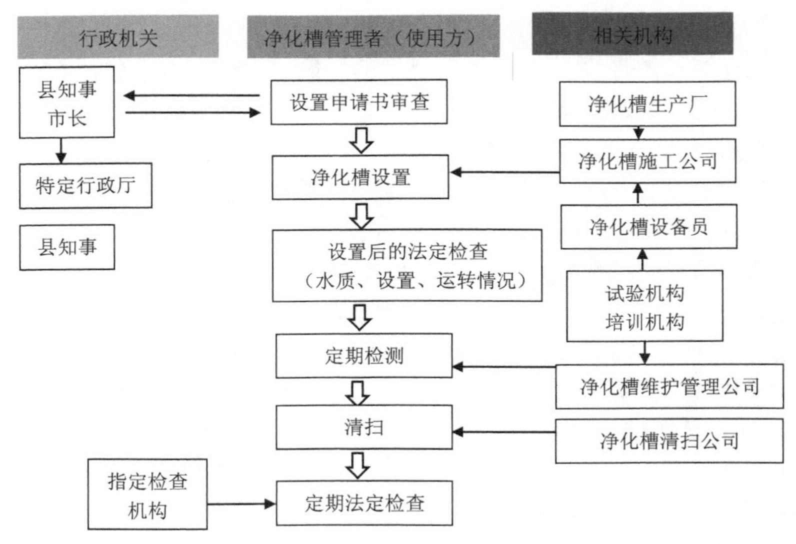

图 3-7　日本农村污水治理运营、服务和管理体系

表 3-6　日本污水处理管理体系职责分工

	下水道	农业集落排水	净化槽
对象地区	公共下水道主要在城市区域、特定环境保全在城市区域以外	农业振兴地区	未规划区域
主管部门	国土交通省	农林水产省	环境省
建设、管理	地方政府	地方政府等	市町村、个人
依据的法律	《城市规划法》《下水道法》	《净化槽法》	《净化槽法》
对象污水	污水（生活杂排水及粪尿、单位排放废水等）、雨水	污水（生活杂排水及粪尿）、雨水，需要污泥处理	污水（生活杂排水及粪尿），需要污泥处理

四、相关政策与法规

日本在农村环境保护相关法律政策制定过程中，既注重每一部法律的特点和针对性，也注重法律之间的配套性、系统性和可操作性，为农村环境保护提供了系统的法律支撑。日本农村污水处理法律体系如图 3-8 所示。1993 年，日本颁布《环境基本法》等，构建起一个全方位的公害对策和环保法律体系。1999 年，日本颁布《食品农业农村基本法》，规定了“除供给农产品外，农业农村还拥有保全国土、涵养水源、保护环境、塑造景观、传承文化等多种功能”，强调了农业农村多功能性在促进农业可持续发展和农村振兴中的关键作用，并将其列为与保证食物稳定供给同等重要的基本农业政策。日本针对垃圾分类、农村环境保护、农村污水治理等也出台了成体系的法律规定。

日本城市和乡村分别适用不同的污水治理法规体系，城市（人口大于 5 万或者人口密度大于每公顷 40 人的集中居住地）适用《下水道法》，乡村地区主要适用《净化槽法》。

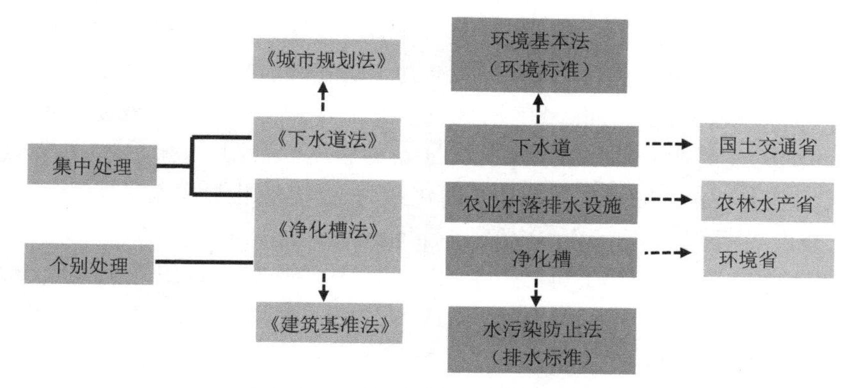

图 3-8　日本农村污水处理法律体系

2001 年修订的《净化槽法》明确规定，污水不能汇入集中处理系统，新建建筑物有义务安装合并处理净化槽（粪便污水与杂排水合并处理），原则上禁止继续安装单独处理净化槽（单独处理粪便污水）。2006 年之后，净化槽在生活污水处理领域、水环境的保护和水资源的循环方面均起着重要作用。为了有效执行《净化槽法》，日本政府建立了责任明晰的管理体系，明确了主管部门、家庭各方的责任。同时，也清晰罗列了执行《净化槽法》过程中具体环节的管理要求，使农村生活污水的治理可以循序渐进开展。

《建筑基准法》规定，对于日本国内生产的净化槽或在国外生产返销日本的工厂生产型净化槽设备，须在产业化生产前向国土交通大臣提交净化槽型式认定申请。通过型式认定并获得型式认定证书后才准予生产和上市出售，型式认定的有效期为 5 年。对于不符合上述净化槽构造标准的新开发的净化槽产品，需要进行净化槽性能评价。性能评价实验由具有相关资质的第三方机构进行，性能评价结果合格后即可获得国土交通大臣认定。对于不符合上述构造标准的净化槽，取得国土交通大臣认定后同样可以获得型式认定，并进行生产和出售。

五、资金支持

日本农村污水处理项目的建设资金主要来源于地方政府筹资和中央政府拨款，运营管理资金主要来自受益者缴纳的污水处理费。日本政府为推动农村污水处理工作，于 1987 年实施“合并净化槽安装建设事业”补助制度，1994 年起日本政府开始实施“特定地域生活排水处理事业”补助制度，以市町村为主体推动净化槽的普及事业时，由国家给予事业费总额 1/3 的国库补助。另外，由市町村设立公营企业，承担净化槽的日常维护管理等业务，家庭仅负担约 10%（表 3-7）。此外，日本通过实施环境保护农业支付制度支持农业发展方式向可持续转变，提高污染防治能力，对于农村污水处理设施资金主要由各级自治体（市、町、村）筹集，国家给予财政支持。

表 3-7　农林水产省农业村落排水设施补贴政策

类型	费用来源	
	国家及地方补贴（%）	个人承担费用（%）
个人设置	40	60
市町村设置	90	10

净化槽辅助金制度开始于1987年，由国家和地方政府对净化槽的安装和更换（由单独处理更换为合并处理）的使用者给予一定的补助金。补助金额及补助方式等根据行政区的不同有所差异，但经过补助后净化槽使用者负担的平均费用基本上不超过公共排水系统使用者每月所缴纳的排污费。部分城市和地区还对检修维护费用、清扫费用、污泥处理费用等日常运行费用进行补贴。在家庭设置合并净化槽时，家庭负担额度约为60%，其余费用中，市町村给予的个人家庭补助占2/3，国家给予补助占1/3。

净化槽市町村整备推进事业项目始于1994年，目的是推动水源保护地区、特别排水地区、污水治理落后区等地区生活污水治理工作的开展。该计划资助的范围比较广，到2006年，支持的对象已经达到1 485个市町村（占到全国总数的81.5%）。根据这项计划，以市町村为主体推动净化槽的普及事业时，家庭只需负担净化槽设置费的10%，国费承担33%，剩余约57%的费用通过发行地方债券筹措。另外，该计划还由市町村设立公营企业，承担净化槽的日常维护管理等业务。

为完善政策性金融体系，1953年，日本政府出资成立了“农林渔业金融公库”，为农林渔业经营主体新修、改造农业农村基础设施和购买机器设备等提供中长期高额贷款。贷款期限平均为12.2年，最长达25年，贷款金额可高达项目总额的80%。1961年，日本开始施行《农业现代化资金助成法》，对“振兴八法”规定区域内满足一定条件的项目提供贴息扶持，一般中央财政承担贴息总额的40%~50%，地方财政承担20%~30%。2017年，政策金融贷款年最高利率不到0.45%，远低于同期商业金融贷款利率的平均水平。

引进民间资本主要有三种形式：①完全由政府负责投资、设计和建设，建成后委托专业的公司进行运行管理；②由政府出资，交给民间公司设计、建设和运行；③由民营公司负责投资、建设与运行，通过在一定期限内向用户收取处理费用回收投资，政府为用户提供财政补贴。

第四章　乡村生活垃圾治理

发达国家早在20世纪60年代就已开展了对乡村垃圾进行治理的工作。该时期各国由专门机构对生活垃圾进行收运与处理，并着手控制乡村生活垃圾的污染。20世纪80年代，在发达国家“避免和减少垃圾产生”的减量化观念开始逐步深入人心，从重视垃圾末端治理向重视产生源的减量分类转变，乡村垃圾治理不仅有专门机构管理，也得到了民众的支持和参与。从20世纪90年代开始，发达国家开始重视和研究有利用价值废弃物的循环再利用，垃圾分类和资源回收发展迅速，垃圾回收利用率大幅度提升。目前，一些发达国家的乡村垃圾治理基础设施已相当完善，收运体制日趋成熟，已从减少废物产生发展到对其进行循环及处置全过程治理的阶段，实行清洁生产，研发生产废物少的产品，并在生活垃圾循环利用过程中注重产品的回收再使用、作为二次原料或再生制品的再利用以及回收热能等的再利用，同时建立了较完善的乡村垃圾分类收运系统，且在垃圾处理时，先考虑热能回收，再考虑卫生填埋。

4.1　北美国家——美国

垃圾困扰是美国社会发展中面临的重要环境污染问题之一，美国乡村生活垃圾治理问题近些年受到美国政府的高度关注。经过几十年的全面治理，美国乡村垃圾污染问题得到了有效缓解。现如今，美国乡村拥有完善的农村垃圾收集运输处理网络，从垃圾知识宣传教育、垃圾收集运输、垃圾箱的租赁和售卖，再到垃圾处理设施、垃圾的回收再开发利用等，一条完整的垃圾管理产业链已经构筑成形。当前美国在治理农村垃圾方面取得了显著的发展成效，并且已逐步实现系统化、规范化以及深入化，甚至在回收再利用方面已经形成了产业联盟，并拥有较大的处理规模。

一、发展历程

美国垃圾环境治理经历了从行政手段逐步向市场手段转变的过程。从20世纪70年代起，美国以《国家环境政策法》为基础，成立了国家环境保护署，制定了《固体废物处理法》《资源保护与回收利用法》《危险废物管理条例》等诸多法规，经过多年的发展，美国环卫行业相关法律体系已较为完善。

1965年，美国国会通过了《固体废弃物处置法》（SWDA），这是美国首个联邦政府层面的垃圾处理法律，明确了地方政府是固废管理的责任人。

1970年1月1日，尼克松总统签署颁布了《1969年国家环境政策法》（NEPA），规定了美国国家环境政策、目标，以及联邦政府、公民的环境权利和义务，逐步确立了联邦政府在环境治理中的主导权，是美国环境法律体系的基础性法律，奠定了美国环境立法的基调。1970年12月，尼克松总统发起设立了美国环境保护署（EPA）。1970年，美国国会将《固体废弃物处置法》修订为《资源回收法》，1976年进一步修订更名为《资源保护及回收法》，之后又分别在 1980 年、1984 年、1988 年、1996 年进行了四次修订。

20 世纪 80 年代，美国生活垃圾处理的主要方式是填埋，随着垃圾产量的不断增长，大规模建设的垃圾填埋场出现了有毒有害物质泄漏、污染周边环境等负面问题。1980 年，美国国会制定了《综合环境反应、补偿和责任法》，以弥补对失控和无主废物填埋场因泄漏所造成损害的补偿。

垃圾产生量和经济发展水平之间具有极为紧密的关联，美国农村经济水平相对发达，同时其垃圾的产量也始终维持在较高的水平。和 2000 年相比，2010 年美国农村垃圾的总量已经远远超过 2.32 亿吨，实际增长了 90 万吨，涨幅 0.3%左右，每人每日所产生的垃圾量大约为 2 千克，同时能够实现回用的垃圾量超过了 6 990 万吨，由此可见其回收利用率之高，已经超过了 30%。

1960—2015 年，美国生活垃圾具体变化情况见表 4-1、表 4-2、表 4-3。截至 2015 年，美国已经建立了严格的垃圾分类管理制度，建设了垃圾收集处理设施，并通过市场化运行的方式，建立了完善的垃圾处理产业链条。通过垃圾分类收集，大幅降低了垃圾产生量，人均生活垃圾产生量从 2000 年的 2.15 千克/日降低到 2.03 千克/日。美国农村生活垃圾治理各个环节中均引入市场机制，实现了高度的商业化模式，建立了包括垃圾收集、运输、资源回收、垃圾处置的基于完整生命周期的垃圾治理产业链。在垃圾处理方面，主要使用回收利用（包括堆肥）、卫生填埋和焚烧等方法。填埋和回收利用是美国处理垃圾的主要方法，垃圾堆肥处理在美国属于资源回收利用的范畴，庭院垃圾大多作堆肥处理。2015 年，填埋场数量降低到 1 738 座；拥有垃圾回收站 588 座，平均处理量为 94 559 吨/日；焚烧厂数量从 2012 年的 86 座减少至 77 座，平均处理规模为 95 023 吨/日。2015 年，垃圾资源回收量为 0.68 亿吨，占 25.8%；堆肥和生物处理量为 0.23 亿吨，占 8.9%；垃圾焚烧处理量为 0.34 亿吨，占 12.8%；填埋处理量为 1.38 亿吨，占 52.5%。

表 4-1　1960—2015 年美国生活垃圾产生量变化情况　（单位：万吨）

年份（年）	1960	1970	1980	1990	2000	2005	2010	2014	2015
生活垃圾产生量	8 812	12 106	15 164	20 827	24 345	25 373	25 105	25 895	26 243
回收利用	561	802	1 452	2 904	5 301	5 924	6 526	6 655	6 777
堆肥处理	—	—	—	420	1 645	2 055	2 017	2 302	2 339
焚烧处理	0	45	276	2 976	3 373	3 165	2 931	3 321	3 357
填埋处理	8 251	11 259	13 436	14 527	14 026	14 229	13 631	13 617	13 770

资料来源：美国环境保护署网站。

表 4-2　1960—2015 年美国生活垃圾人均产生量变化情况　（单位：千克/日）

年份（年）	1960	1970	1980	1990	2000	2005	2010	2014	2015
生活垃圾产生量	1.22	1.47	1.66	2.07	2.15	2.13	2.02	2.02	2.03
回收利用	0.08	0.10	0.16	0.29	0.47	0.50	0.53	0.52	0.53

续表

年份(年)	1960	1970	1980	1990	2000	2005	2010	2014	2015
堆肥处理	—	—	—	0.04	0.15	0.17	0.16	0.18	0.18
焚烧处理	0.00	0.00	0.03	0.29	0.30	0.27	0.24	0.26	0.26
填埋处理	1.14	1.37	1.47	1.45	1.24	1.19	1.09	1.06	1.07

资料来源:美国环境保护署网站。

表 4-3　1960—2015 年美国生活垃圾不同处理方式所占比重变化情况

(单位:%)

年份(年)	1960	1970	1980	1990	2000	2005	2010	2014	2015
生活垃圾产生量	100.0	100.0	100.0	100.0	100.0	100.0	100.0	100.0	100.0
回收利用	6.4	6.6	9.6	14.0	21.8	23.3	26.0	25.7	25.8
堆肥处理	—	—	—	2.0	6.7	8.1	8.0	8.9	8.9
焚烧处理	0.0	0.3	1.8	14.2	13.9	12.5	11.7	12.8	12.8
填埋处理	93.6	93.1	88.6	69.8	57.6	56.1	54.3	52.6	52.5

资料来源:美国环境保护署网站。

随着法律法规的逐步完善,市场发展更加规范有序。2003 年,美国出台的《减少过度期限义务法案》中要求 EPA 降低对于固废行业相关法律法规的修订频率,标志着固废行业的监管由行政手段逐步转为市场手段。固废回收业务由原先的政府经营为主转向私营企业为主,截至 2016 年,美国国内的固废回收和循环利用企业主要有美国废物管理公司(Waste Management)、共和废品处理公司(Republic Services)等,占据了美国 58%的市场份额,而由政府经营的企业仅占 26%。

二、美国垃圾分类方式

在垃圾分类方面,美国对垃圾进行严格的分类,主要分为 3 个大类(分别为可堆肥物即 Compost,可回收物垃圾即 Recycle,普通垃圾即 Garbage)、9 个小类。其中,可回收利用垃圾主要分为 6 类,分别是纸张、金属罐、塑料制品、无色玻璃、棕色玻璃和绿色玻璃;可堆肥物主要分为 2 类,分别为食物残渣、废弃花木;其余为普通垃圾。对于垃圾分类回收,不同的城市有着不同的规定,双色垃圾桶(蓝色代表可回收)成为公共场所以及住宅小区的必备。

三、美国分散式农村垃圾多元治理模式

美国农村垃圾治理的主体丰富,包括政府部门、企业、环保主义者和个人等。这些治理主体中,有些是营利性质的,而有些是非营利的。“垃圾公司深入农村”是美国农村垃圾收运的主要方式。农村垃圾处理一般由小型家庭企业承担。数量众多的小型处理公司遍布于美国乡村,负责农村垃圾的收集和运输。此外,美国垃圾管理服务市场化运作到位,企业竞争上岗。一些垃圾管理方面的行业正逐步由政府公共管理向私有转移,通过签订合同和授权等方式,垃圾管理如垃圾的收集、回收再利用、特殊垃圾处理等,从政府主导转向市场运营。

美国农村生活垃圾治理的主要模式为分散式农村垃圾的多元治理。大多数的美国农

村，每家每户都有一定的距离，比我国农户居住的分散程度高，这决定了美国农村垃圾收集方式：先是由家庭为第一步收集，每户都配备一个带轮子的垃圾箱，居民每天早晨送到公路边，美国拥有完善的农村垃圾收集运输网络，之后再由专车带走分类垃圾（图 4-1）。

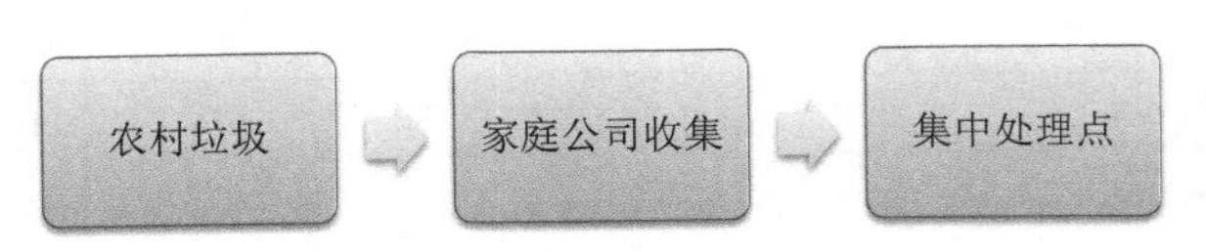

图 4-1 美国农村垃圾收运模式

四、美国垃圾处理技术

在美国、德国等发达国家，农村生活垃圾的管理实现了城乡一体化。首先发达国家垃圾填埋处置的技术与管理都已经较为成熟。一是具备完善的关于垃圾填埋的法规与管理体系。这些国家严格管理填埋场，防渗、渗滤水处理和最终覆盖都严格管理，同时生活垃圾的处理技术也居于领先地位。二是拥有完备的防渗检测系统。在无外力作用的情况下，使用自动修复防渗与自动加压修复检测两种系统。自动修复防渗系统具备极强的抗压和修复功能，防渗目的实现在于当其被破坏时，慢慢有水进入并膨胀，从而修复；自动加压修复系统和检测系统则是利用胶质物质材料作保障。三是利用渗滤液进行处理。自 1970 年以来，美国等国家开始研究填埋场生物降解反应床，该技术的原理是在垃圾填埋时人工创造生物降解条件，自发从下往上进行渗透液的疏导。近年来，随着农村垃圾填埋卫生标准的不断提高，填埋场的运行成本与投资成本正不断提高，因此美国的新垃圾填埋场正逐渐向着大型化、产业化的方向发展，并通过采用先进的防渗技术、气体疏导技术、渗滤液处理技术等，使得垃圾填埋场的污染得以有效控制。

其次是焚烧技术。二噁英类物质的最大来源是垃圾渣滓。1990—1995 年，欧洲国家由于销毁垃圾渣滓而产生的二噁英类排放量缩减率达 99.3%。美国的垃圾焚烧发电设施，基本上都是 1995 年之前建成投产的，1995 年至今，仅有 1 座焚烧发电设施于 2015 年建成投产。生活垃圾混烧是美国垃圾焚烧设施的主要方式。美国 50 个州及 1 个特区中，有 31 个州规定了垃圾焚烧发电是可再生能源。至 2016 年，共有 77 座设施处于运行状态，分布在 22 个州。

最后是堆肥和厌氧消化，它们都是有机废物处理的常用方法，各有优缺点。厌氧发酵过程在无氧条件下进行，主要涉及四个微生物代谢步骤：水解、酸化、乙酰化和甲烷化。前三个步骤通过水解细菌和产酸细菌将复杂的聚合物转化为醋酸，同时产生二氧化碳或氢气。最后一步是产甲烷古菌将醋酸、二氧化碳和氢气转化为甲烷。这些细菌和古菌之间的相互作用是复杂的，任何不平衡都可能影响厌氧发酵的表现。

美国堆肥技术的应用非常广泛，目前在运转的处理装置遍布全国。在处理装置中，有近 50%是耗氧静态堆肥。美国非常重视对污泥、生活垃圾渣滓混合堆肥的研究，具有广泛的应用性，同时注重大型堆肥设备的发展。实用设施的发展势态良好，美国十分看好厌氧堆肥，通过厌氧堆肥的方式实现能源再利用。此外，由于小型设备具有费用低、操作简单等多种特点，美国也非常重视小型垃圾处理机的应用和发展。

就当前美国针对农村垃圾的实际处理举措来看，其处理处置方式主要包括填埋、焚烧、堆肥和厌氧消化等,不同农村生活垃圾的处理处置技术的优势与不足见表4-4。

表4-4　不同农村生活垃圾处理处置技术的优势与不足

处理处置方式	优势	不足
焚烧	占地面积小;减量化效果好;可回收利用热能	投资大,运行成本高;二次污染严重;对垃圾的热值要求高
填埋	对入场垃圾要求低、成本低;对管理和技术人员的要求低;厌氧填埋可利用填埋气	占地面积大,选址难;稳定化周期长;易造成二次污染
堆肥	能够获得堆肥产品;无害化效果好;周期短	堆肥产品肥效低;对垃圾有机质的要求高;堆肥过程臭味大
厌氧消化	能够利用沼气;资源化效果好	垃圾必须预处理;运营成本高;影响厌氧消化效果的因素多,操作复杂

2010年,在全美范围内,分散式农村所产生的垃圾总量超过了2.319亿吨,针对这部分垃圾的处理方式主要有以下几种: 55%的垃圾使用卫生填埋; 15%的垃圾使用焚烧;而在可回收利用方面占比达到30%,如图4-2所示。目前,填埋和焚烧的占比正在逐年降低,这就意味着针对垃圾的回收再利用的占比仍然会持续提升。

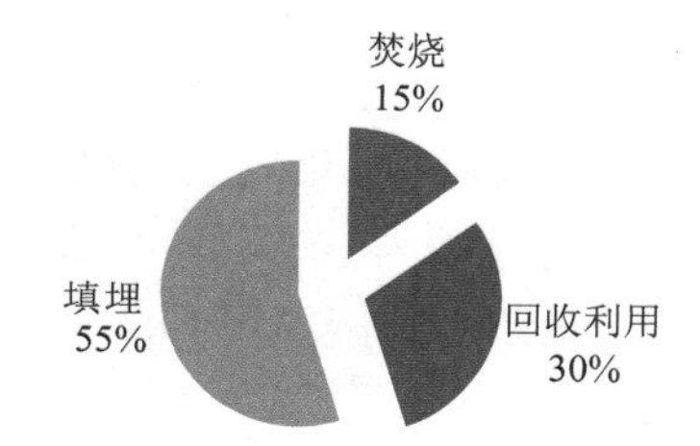

图4-2　美国农村垃圾处理方式及比例

五、美国农村垃圾减量化与资源化治理措施

美国各州农村普遍面临资金不足、专业化人才缺乏、管理水平不高的问题,又迫使地方政府运用市场机制,解决农村垃圾的清扫、清运、资源回收与综合处理等各方面问题,美国经过多年的探索和实践,已经取得了较为显著的成效。美国对农村垃圾的减量化、资源化工作十分重视,这不仅降低了农村垃圾治理的成本,还促进其资源的有效回收与利用,并已形成具有一定规模的产业。主要举措包括以下方面。

(1)抓住源头,控制农村垃圾的产生数量

农村垃圾的减量化是通过减少农村生产、生活物资的消耗或鼓励重复利用,从而减少农村垃圾的产生。近年来,美国政府在农村垃圾的减量化方面,采取了一系列有针对性的措施。首先,在农产品的加工、设计、包装、运输等各环节中,都注重减少垃圾的产生,如包装环节尽量采用简易包装。其次,鼓励居民采取现场对庭院修剪的草皮和树枝进行堆肥,作为农村绿地、树木的肥料,有助于农村生活垃圾的有效回收与利用。最后,采取有效的经济调节政策。美国农村的生活垃圾根据产生的数量或容积,收取相应的垃圾费用,以调节农村生活垃圾的产生量。例如,在美国农村通常按照垃圾的产生量或垃圾桶的容积,缴纳垃圾收集、处理费用，容器越小，收费越低，以鼓励农村居民减少垃圾量。

（2）多措并举，鼓励农村垃圾的回收利用

在农村垃圾的资源化利用方面，美国也采取了积极的措施，以鼓励农村垃圾的回收利用。一是加强立法。严格规定未经分选的农村垃圾不得填埋或焚烧，限制部分有害垃圾直接进入垃圾填埋场或焚烧场，避免了处理过程中对环境的危害。二是实行垃圾分类收集。美国农村基本上全面实行了垃圾分类收集政策，对可回收利用的生活、生产垃圾，以及不可回收的农村垃圾分别投放，从源头上为农村垃圾的回收利用奠定了良好的基础。三是政府给予拨款，鼓励农村垃圾回收利用。

（3）市场运作，垃圾治理走上市场化道路

美国垃圾管理运营体制不仅包括政府部门，还包括企业、环保主义者等。美国垃圾管理服务，尤其是垃圾的收集和回收利用、特殊垃圾处理、垃圾管理设施等正在向私有化转移，政府则通过签订合同、授权和资产剥离等方式逐步退出部分垃圾管理市场。美国政府通过探索与实践多种形式的市场化运作模式，有力地提高了分散式农村垃圾的治理效率，并节约了垃圾治理与运作成本。在美国乡村，生活垃圾都是由规模不大、专门从事废弃物收集与处理的家庭公司来承担的，这些公司有的只是负责收集、分类与运输，它的收益主要来源于村民每月固定交纳的废弃物处理费用、其他个体不定期交纳的废弃物倾倒费，但它需要将剩余的废弃物运送到其他公司附属的垃圾填埋场，并交纳一定的垃圾填埋费；有的甚至有自己的垃圾填埋场、堆肥场，它的收入来源除村民每月固定交纳的废弃物处理费用、个体不定期交纳的废弃物倾倒费，还包括垃圾填埋场的填埋费、回收物的销售费等。这些家庭公司的员工也是农民，员工定期开着垃圾车去每家每户收取垃圾，同时收取一定费用，但不同地区的垃圾处理费也不相同，在配置上，每个家庭公司基本上都有两个垃圾箱，分别用来存放可回收垃圾和不可回收垃圾，但它们有不同的垃圾收集方式，垃圾车的装置，垃圾分类投放箱的颜色、大小、样式等都存在差异。美国居民在进行垃圾处理时，也会自觉配合回收，每个家庭都有几个垃圾容器，分别用来盛放不同类型的垃圾。美国许多州市也制定了严格的管理措施来督促居民进行垃圾回收，对分拣垃圾不当行为予以罚款。市场化的运作使得美国垃圾治理的经济效益和环境效益得到较好的统一。2007 年，根据国际市县管理协会的报道，美国超过 57%的郊区政府、29%的农村乡镇和 39%的大城市已经把居民垃圾收集业务外包给了私人部门，美国现有 2 万余家垃圾管理公司。

六、相关政策与法规

美国是世界上环境法规体系较为完善的国家，对于垃圾处理也制定了很多相应的法律法规。根据美国法律，农村生活垃圾的管理由各州负责，包括具体的法规制定以及治理模式的选择。国家只是出台政策性法律框架、制定实施规范和国家标准，地方政府可以依据本地区特点，在不低于国家标准的原则下制定适合本地的法律法规、技术标准和监管机制。国家对于地方有严格的评估、核查和处罚机制，以确保地方政府可以严格在法律授权的框架内尽职尽责。如 1965 年的《固体废弃物处置法》、1969 年的《国家环境政策法》、1970 年的《资源保护回收法》《生活垃圾处置法》，还有《综合环境反应、赔偿和责任法》等法律政策，均对生活垃圾管理进行了规定。

《固体废弃物处置法》制定于 1965 年，使美国成为第一个以法律形式将废弃物利用确定下来的国家。该法经过多次修订建立了四"R"(Reduction 减量,Reuse 再利用,Recycle 回收，Recovery 重复)原则,将废弃物管理由单纯的清理工作扩展到兼具分类回收、减量及资源再利用的综合性规划,即资源的再生利用应从产品制造的源头控制开始谋求使用易于回收的资源以减少垃圾制造量,而不是只着重末端废弃物或垃圾回收。同时,该法还确立并完善了包括信息公开、报告、资源再生、再生示范、科技发展、循环标准、经济刺激与使用优先、职业保护、公民参与和诉讼等诸多与固体废物循环利用相关的法律制度。

《国家环境政策法》颁布于 1969 年,是第一部使环境保护成为国家政策的法规。该法规指导建立了环境质量委员会,并确立了许多较高的环境保护目标。该法规中还包括了联邦政府的宗旨:①每一代人所履行的职责都是为下一代人维护好环境;②确保全体美国公民享有一个安全的、健康的、有生产力的、美丽的和有文化内涵的愉悦环境;③在不导致环境衰退、健康和安全风险或其他不良后果的前提下,实现利用环境资源利益的最大化。

《综合环境反应、赔偿和责任法》(也称"超级基金法")制定于 1980 年,对生活垃圾管理进行了规定。其一,强调如果没有经过国家许可,针对未实现分选的垃圾农民不可自主填埋或者焚烧,针对其中的有害垃圾构成部分做出了严格的限制规定,这样可以有效避免对环境的危害;其二,强化垃圾分类并明确具体的分类及收集标准,基于源头进行管控可以保障良好的回收利用基础;其三,为了鼓励农村垃圾的回收利用,政府实行专项拨款。

《污染预防法》颁布于 1990 年,该法贯彻了成本效益分析理论,从资源减量使用、提升清洁能源的使用效率、废弃物循环使用及可持续农业等四个方面入手,提出用污染预防政策补充和代之以末端治理为主的污染控制政策。明确规定必须对污染产生源做好事先预防或减少污染量,无法回收利用者,也应尽量做好处理工作,至于排放或最终处置则是最后手段。这样既控制污染的产生,又保护资源再生利用,以保证资源的永续利用。

七、资金支持

美国废弃物处理及再资源化经济奖金制度规定,对固废处置相关技术研发等活动,以及对资源回收装置的设计、操作和维护人员的培训计划等方面进行补贴。联邦政府农村发展部主要负责美国农村垃圾治理的资助,重点是对农村垃圾处置的公用设施建设进行部分资助。美国农业联合会每年会对农业面源污染治理和资源保护行动计划投入超过几十亿美元,对污染治理项目投入补贴最高可达项目投资的 70%~80%。各州政府也会列支专项资金用于农村污染治理。美国农村污水和垃圾处理项目可以获得美国联邦农业部的拨款和贷款。拨款的对象是非营利的乡镇组织,目的是提供技术援助和训练;贷款对象是在农村地区从事污水和垃圾处理的企业,目的是改善和建设这些企业的运行设施。有一个限制条件就是接受这类拨款和贷款的农村地区人口不超过 2 万人。农村社区人口越稀少、收入越低,那么它可能得到的资助就越高。为了解决垃圾处理服务供给中的经费问题,美国设立专门的理事会或基金会,管理环卫资金。资金不仅包括政府的投入,也包括居民支付的垃圾费。对于垃圾处理厂的运营,实行"公共投资、私人经营",即有关部门在建好垃圾处理厂后,先核算处理每吨垃圾的最低费用,然后将处理厂的运营权向社会公开招标,在达到环保标准的前提下,出价最合理的公司即获得运营权。

4.2 西欧国家——德国

德国是世界上循环经济发展水平较高、成效较显著的国家之一。德国循环经济理念区别于传统经济，以低开采、低排放、高利用为特征，以“资源—产品—再生资源”为循环方式开展经济活动。德国乡村生活垃圾治理始终保持着先进的环保理念，经过长期的摸索，德国已拥有一套完整的垃圾回收处理体系，能够使乡村生活垃圾得到合理的回收、利用与处置，使得废弃的生活垃圾“循环”成有用资源，化解环境危机，缓解资源匮乏问题。

一、发展历程

德国现代垃圾处理技术经历了 3 个发展阶段。垃圾填埋是最初级的方式，该方式存在渗透液严重破坏土壤、地下水环境等问题，且治理成本较高。从 2005 年起，德国开始禁止对未经处理的垃圾进行填埋，垃圾焚烧成为第二代垃圾处理技术。该技术能够充分回收垃圾的热能，但燃烧过程中产生的二噁英等对环境造成严重的危害。第三代垃圾处理技术为“绿色煤炭”技术，即垃圾经过粉碎、分选、烘干等工序处理后变废为宝，不可燃的沙石、玻璃等成为建筑材料，可燃材料被制成替代燃料。该技术对垃圾的热值利用率高，也可从源头上遏制二噁英的生成，在德国固废处理方面应用较为广泛。近年来，机械-生物处理（MBT）在德国发展势头较好，该技术可实现有价值物质有效分离回收和高热量物质的最大热能利用，在固废循环产业链中起着不可或缺的作用。据德国环保部统计，截至 2018 年，德国已建成运行 46 家 MBT 处理厂预处理生活垃圾，处理量为每年 500 万吨，约占未单独分类垃圾总量的 1/3。

从德国生活垃圾处理的政策演变而言，德国拥有较完备、较详尽的环境保护体系。据统计，德国联邦和各州关于环保的法律达 8 000 多部。1972 年，德国出台《废物处理法》，提出关闭无管理的垃圾填埋场，德国的垃圾管理思路也逐渐转变为“避免产生—循环利用—末端处理”。1991 年颁布实施的《包装废弃物管理法》明确了废弃物生产者的法律责任。1994 年，《资源闭合和废物管理法》提出要提升资源闭合废物管理、节约资源，保持与环境协调发展。德国政府及相关环保部门依据“谁生产，谁买单”的原则，立法约束规范公民的行为，贯彻垃圾分类处理落实到每一个社区，对污染物处理的准则一概贯彻《环境最终管理标准》。

近十几年来，德国一直很重视垃圾的循环回收利用和堆肥、生物处理，同时加大了垃圾焚烧的建设力度，并且削减了填埋处理方式，直至实现“零填埋”。德国已于 2002 年提前实现欧盟关于废物框架治理目标中关于实现垃圾 50%的循环利用率的目标。德国联邦环境署表示，截至 2020 年停止使用垃圾填埋场掩埋市政垃圾。德国于 2005 年 6 月 1 日起实施《垃圾填埋条例》，严格限制进入垃圾填埋场的可降解废物含量，标志着德国垃圾处理正式走向实现原生垃圾零填埋的目标。2012 年，德国还颁布《循环经济废物管理法》，该法律将垃圾处理分为“减量—再利用—资源化—重新利用—最终处置”五步。此外，收费制度、“环境警察”制度以及“连坐式”惩罚措施制度等一系列制度保证了垃圾的高效处理。2019 年 1 月 1 日，德国实行了新《包装废弃物管理法》，其中可回收包装的比例进一步提高，预计新包装条例的实施会进一步促进德国包装废弃物的回收利用。预计到 2025 年，德国所有的生活垃圾将不再允许填埋，取而代之的是将其资源化利用。

二、德国生活垃圾分类收集与分类处理方式

德国居民家中设置四种不同颜色的垃圾桶：黄色桶、蓝色桶、棕色桶（或绿色桶）、黑桶，分别收集一次性包装垃圾、废旧纸张、绿色植物类垃圾、不可回收垃圾。另外，各居民区设有专门的垃圾桶以回收各种玻璃瓶，大件垃圾、废旧电器、建筑垃圾、危险废物等则另有专门的回收点。垃圾从源头进行分类后，由垃圾处理公司收集运输，按不同类别进行处理、回收利用。可回收物质约占生活垃圾产生总量的 20%—50%，主要包括轻质包装材料、塑料、废纸、橡胶、纸板、织物、玻璃、铝、铁，以及其他金属、复合材料等，在分类收集后，直接送入相关的工厂进行循环利用。可生物降解物质占生活垃圾产生总量的 20%—60%，主要包括食品垃圾、庭院垃圾、花园修剪垃圾等生物质垃圾，通过生物降解方式进行堆肥处理。残余物质是除上述垃圾种类之外的生活垃圾，也被称为剩余垃圾或混合垃圾，主要包括其他的垃圾混合物、砂土、尘土、灰渣等，通过热处理（焚烧）或机械生物处理方式进行处理，最后进行填埋。

三、德国垃圾处理的方法与技术

德国目前采取的生活垃圾处理方式除了回收可循环利用的垃圾（包括堆肥）外，主要采取热处理（焚烧）、填埋、热解气化技术、厌氧沼气工程技术、机械—生物处理技术等几种生活垃圾处理方式。

（1）堆肥（生化）技术

收回的有机垃圾（包括残余果蔬、花园垃圾和树枝等可堆肥的垃圾）直接送至堆肥场进行堆肥处理。经不同的堆肥方式处理后的产品经筛选，再根据用户的不同需求配成不同的肥料出售。

（2）焚烧

对不可回收利用的废旧木材送至专门的废旧木材处理企业，处理成合适粒径的木材颗粒后，送至垃圾焚烧厂进行焚烧。据德国 2000 年处理的废旧轮胎数据显示，2000 年废旧轮胎的产生量为 58.7 万吨，其中用于燃烧能量再利用的占 55%（主要是用于水泥厂的混合燃烧），用于制造橡胶颗粒、橡胶粉的占 15%，用于轮胎翻新的占 13%，再次利用的占 12%，进行处理的占 5%。危险废物通常是在专门的回收点回收后，进行简单的分类，分成不同的种类。通常情况是在危险废物焚烧炉中进行焚烧处理或在危险废物填埋场进行填埋。

（3）卫生填埋

德国法律规定，自 2005 年 6 月 1 日起，垃圾不能直接填埋，而必须经过前处理，最终处理后剩余的残渣才可填埋，例如对焚烧等处理后的残渣进行填埋。到 2025 年，所有的生活垃圾将不再允许填埋，取而代之的是资源化利用。

（4）热解气化技术

热解气化技术是由法、美、德、日、瑞士和瑞典共同参与开发的，被称为第三代废物处理技术。这一技术的最大优势在于能处理除核废料外所有类型的垃圾，而不需要进行前期分类。该技术结合了创新的高温分解技术和传统的高温供氧气化技术，使用合成气燃烧发电，二噁英排放可降到 0.01 ng/m^3 以下。

热解气化技术处理效果较好，但投资成本较高，在德国并未普及。德国的奥格斯堡有企业利用热解气化技术处理生活垃圾、大件垃圾、污水处理厂的淤泥等。其主要工艺是先将垃圾破碎成颗粒，再进炉内热解气化，通过旋风除尘净化废气，热解气在燃烧室的能量用于发

电和供热。

（5）厌氧沼气工程技术

厌氧沼气工程技术是针对有机垃圾的工业化集中处置工程的设计、建造、运营技术。自20世纪60年代起，厌氧技术在德国就得到初步应用，至90年代，厌氧技术的工程使用日益成熟，并开始在德国及欧洲大规模、广泛推广。截至2010年，德国境内总共有约5 000个沼气工程运行使用，占欧洲全部沼气工程的80%以上。2010年德国政府按照《新能源法》开始对沼气工程发电进行补贴，进一步促进了厌氧沼气工程的发展。2020年，新能源发电占德国全年总发电量的43%，替代了核能在能源供应体系中的位置。

根据使用原料的不同，沼气工程所使用的工艺及设备也各不相同。所有使用有机垃圾作为原料、采用厌氧降解技术的垃圾处理工程都称为厌氧处理工程，但由于垃圾原料性质的差别极大，工程应用上所采用的工艺及设备也有较大差别。

经过几十年的发展，德国已基本上拥有了多种使用厌氧发酵工艺的技术，如中温与高温技术、湿法与干法技术、单相与两相技术、连续与序批次技术等。厌氧发酵工艺是整个设计工作的核心，必须首先确定厌氧工艺，才能够确定其他的配套工艺，如前处理、后处理等工艺。

（6）机械—生物处理技术

机械—生物处理是一种新发展的生活垃圾综合处理技术。其原理是利用机械的分选设备，将高热值的物质、金属和玻璃等有价值的可回收物质分离利用，有机质部分经生物好氧或厌氧处理后填埋处理。垃圾中可再生材料可以循环利用，高热值的物质和生物处理产生的甲烷可用于焚烧发电和供暖。国际上，随着各国新的垃圾管理标准颁布，机械—生物处理技术（Mechanical and Biological Treatment，MBT）得以广泛应用。

MBT工艺如图4-3所示，主要包括机械和生物处理两个环节。处理后的垃圾可再次筛分进行填埋、焚烧或资源化利用。通过该技术，生活垃圾可有针对性地实现有价值物质分离回收和高热量物质的最大热能利用。

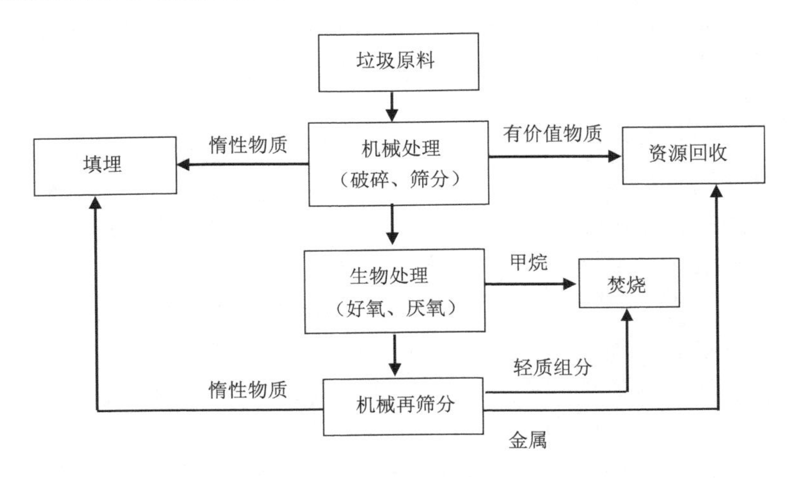

图4-3 德国MBT工艺流程

①机械处理

机械处理主要对垃圾进行破碎和筛分。目的是从垃圾中分离惰性物质，回收金属、玻璃以及高热值物质等，并集中和均质化有机质组分。

②生物处理

生物处理衍生出好氧处理技术和厌氧消化降解技术两种截然不同的技术路线。其中，较为成熟和应用广泛的工艺路线为好氧处理技术。厌氧消化降解技术为新兴发展的技术，作为好氧处理的补充，单独运用较少。生物好氧处理技术主要是利用好氧生物降解作用处理垃圾中的有机可降解的物质，以堆肥的原理来处理生物垃圾。目前，该技术在欧洲运用较多。生物厌氧消化技术是在新能源政策的背景下，以降解生活垃圾中的可降解有机物质、减少垃圾填埋量为目的而探索和研究的处理技术，适用于含水率较高和资源回收价值较低的生活垃圾。

③机械再筛分

生物干燥后的垃圾首先将按照粒径大小进行再筛分（一般以 80 mm 为临界值），然后经过振动筛和风选弹跳筛将垃圾按照低比重和高比重筛分。经粒径和比重筛选后，大于 80 mm 和低比重组分可作为辅助燃烧使用；其余组分为玻璃、陶瓷、石块等矿物质，可填埋处理或资源化回收利用。

机械—生物处理技术在欧洲特别是德国已发展成熟并得到了广泛应用。据德国环保部统计，截至 2018 年，德国已建成运行 46 家 MBT 处理厂预处理生活垃圾，处理量为每年 500 万吨，约占未单独分类垃圾总量的 1/3。同时，继续发展创新 MBT 技术，以实现 10 年后生活垃圾全部资源化利用。

（7）机械生物处理—焚烧技术

该工艺利用微生物作用分解垃圾中的有机质、降低垃圾含水率，利用机械设备分选垃圾中的高热值物质、金属、玻璃等加以利用，经机械生物预处理后再进行焚烧，大幅度提高了发电效率（图 4-4）。该技术最终只对底灰和固化后的飞灰进行填埋，极大程度地减少了垃圾填埋场的占地面积，降低了污染物排放水平，在垃圾的减量化、资源化和无害化处理中起到了很大作用。

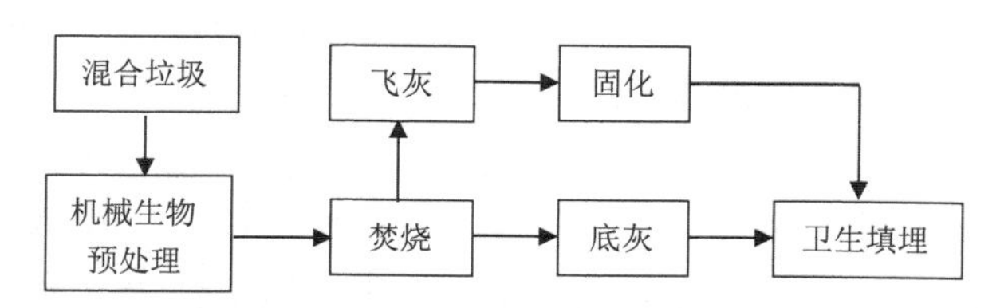

图 4-4　德国机械生物处理—焚烧技术工艺流程

四、相关政策与法规

目前，德国已形成了垃圾循环回收的法律制度体系（图 4-5）。体系在产品的设计环节，要求设计者使用可循环、正面环境影响的材料设计，考虑产品废弃后的处置与消解问题；在生产环节，强调制造者应生产高质量、长生命周期的产品；在产品投入市场之后，要求生产者和销售者构建商品废弃后的反向物流系统，回收废弃产品和包装材料；在消费环节，要求消费者理性消费，建立生态消费的行为模式；在产品使用完毕后，规定了消费者的分拣义务，要求其对垃圾总量进行控制、监管废弃物处理，通过费用激励，鼓励其减少垃圾体量；在产品的回收环节，要求政府提供公共服务或通过公私合作等方式建立分拣体系。

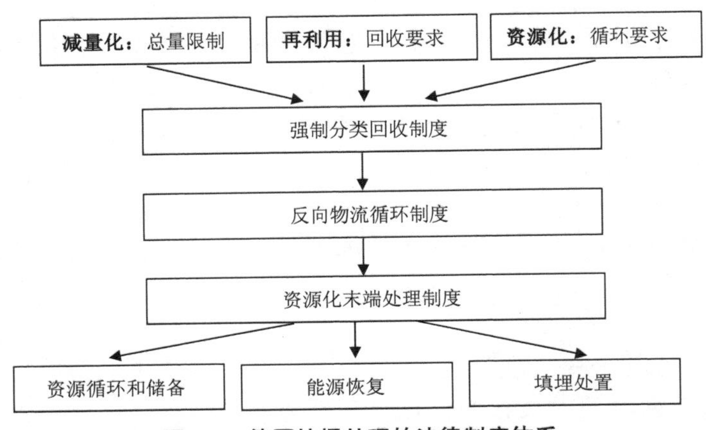

图 4-5 德国垃圾处理的法律制度体系

这一体系通过系列法律规则予以施行。主要的规则包括欧盟法律、德国联邦立法和地方立法。德国有关垃圾处理的核心法律是 1996 年颁布的《循环经济与废物法》。该法规定对废物问题的优先顺序是避免产生、循环使用、最终处置。首先，欧盟颁布了一系列垃圾综合管理的指令，包括《垃圾运输指令》《报废汽车指令》《包装指令》《废物框架指令》等。其次，德国联邦议院在欧盟法的基础上创新并颁布了 2012 年《封闭循环法案》《废物避免和管理法案》《垃圾处理法案》《全国垃圾避免计划》等法律、条例和国内环境政策。最后，州议会负责在联邦立法的基础上，根据地方情况颁布地方立法、工作计划和执行策略。

德国环保法律不仅明确了国家、企业、个人的环保责任和义务，还对确保各项环保措施落实到位起到了很大作用。在环保法规中，除污染者付费原则外，还有谨慎原则、最先进原则、替换原则。谨慎原则是指排放到环境中的物质，如果有足够的理由证明或怀疑其对环境会产生影响，或没有足够的证据证明其对环境不会造成影响，就要对其加以约束和控制；最先进原则是指在经济许可的情况下，尽量采用当时最先进的治理技术；替换原则是指尽量使用对环境影响小的物品等。这些原则都可以使有限的资金产生更好的经济效益和环保效益。

五、资金支持

德国垃圾处理体系的资金主要源于公共资金补贴和污染者付费两部分。在政府财政投入上，政府对产业给予了大量的补贴，其中州一级的财政补贴比重最大。除了直接财政资金的支持，政府也通过预留市场份额、优先采购等间接方法扶持产业发展，例如在《政府采购法》中明文规定应购买循环产品；规定新建的公益性建筑应优先使用循环材料；规定电网系统应优先采购垃圾热电等。为了提高资金使用效率，设施建设大量采用市政招标、公私合作经营的模式。作为政府投资的补充，德国生产者和居民也通过污染者付费等方式填补产业的资金缺口。

4.3　东亚国家——日本

日本非常关注生活垃圾处理问题，近年来，无论是繁华的城市街头，还是僻远的乡村，都呈现出整洁的卫生环境，体现了日本较为成熟和完善的生活垃圾治理体系。日本垃圾处理之所以取得如此显著的成效，主要是由于日本政府根据垃圾治理的阶段特征，正确地把握了治理重点，并采取了适宜有效的治理措施与手段，形成了全民共治的良好局面。

一、发展历程

日本的垃圾治理主要经历了 4 个阶段，即末端处理阶段（20 世纪 70 年代前）、源头分类阶段（20 世纪 70 至 90 年代）、回收利用阶段（20 世纪 90 年代）、循环资源阶段（2000 年至今）。

第一阶段：末端处理阶段。

自 20 世纪 50 年代起，快速的经济增长和城市化发展导致日本的生活垃圾产量大大增加。垃圾被倾倒于河川和海洋中，或堆放于野外，不但产生大量的蚊蝇，还引发传染病的蔓延等问题。大多数地区将粪便运到农村作肥料使用，其余垃圾多用填埋方式，少部分采用焚烧方式进行处理。日本意识到垃圾处理方式的问题所在，开始着手于垃圾的源头分类，逐步形成了以废弃物回收、处理和再利用为主线的立法逻辑。

1954 年，日本制定了《清扫法》，该法除延续之前由市镇村负责垃圾的收集和处置的做法外，还增加了国家和都道府县应给予财政和技术支持、居民有义务配合市镇村进行收集和处置等内容。

第二阶段：源头分类阶段。

这个时期，日本不仅废弃物污染加剧，大气和水污染也日趋严重，公害问题亟待解决。为此，1970 年 11 月，日本召开了被称为公害国会的第 64 次国会，通过了 14 部公害相关法令。在公害国会上，日本全面修订了《清扫法》，制定了《废弃物处理法》。《废弃物处理法》主要规定了有害垃圾必须在保证其对社会不产生危害的情况下进行处理，积极推进市镇村的垃圾分类收集工作。

第三阶段：回收利用阶段。

1991 年，日本《废弃物处理法》得到再次修订，在法律的目的中追加了控制排放、资源再利用回收的相关内容。1995 年和 1998 年相继出台了《容器及包装物回收利用法》《家电回收利用法》等，此阶段日本的垃圾回收主要遵循 4 个原则：有害垃圾无害化、中间处理循环利用化、中间处理减量化、最终处理安全化。至此，日本垃圾回收再利用率大大提高，但因土地资源十分有限，垃圾处理场不足以应对巨大的垃圾排放量，因此建立循环经济型社会的需求迫在眉睫（图 4-6 和图 4-7 为日本生活垃圾回收现场）。

图 4-6　日本小型家电回收（图片来源：日本环境省）

图 4-7　日本垃圾回收现场（图片来源：日本环境省，组图）

第四阶段：循环资源阶段。

进入新世纪以来，日本的环境保护政策措施上升到一个新的战略高度。2000 年，日本制定的《循环型社会形成推进法》以建设循环型社会为目标，明确了社会全体成员的责任和义务，依法推进废弃物的正确处理和环境再生，以期达到全生命周期的资源循环。2003 年，日本通过了《促进循环性社会建设基本计划》，标志着其垃圾处理进入循环资源阶段。而此后的《食品循环利用法》《建筑材料循环利用法》《汽车循环利用法》等法规的制定，建立起了包括建筑垃圾、食品垃圾、废旧家电和汽车、包装垃圾的回收系统，并且明确了回收利用的具体责任人。

经过几十年的发展治理，日本已形成了完备的循环经济法律政策体系和以“3R”（减量化、再利用、再循环）原则为代表的固废处理理念，垃圾治理成效显著。

二、日本垃圾分类方式

在日本，生活垃圾实行严格的分类收集与处理，并且有明确的法律法规规定，每个居民都必须严格按照标准分类收集垃圾。对于生活垃圾的收集，日本采用了定点投放、定点收集的政策，并且对不同类别垃圾丢弃的时间、场所有所规定，这样更有利于回收部门对生活垃圾进行分类处理和再利用。

日本的垃圾大致分为八大类：第一种是可燃垃圾，比如厨余垃圾、衣服、革制品等；第二类则是不可燃垃圾，比如餐具、厨具、玻璃制品等；第三类被日本人称为粗大垃圾，比如自行车、桌椅、微波炉等；第四类是不可回收的垃圾，比如水泥、农具、废轮胎等；第五类是塑料瓶类，比如饮料、酒、酱油等产品的塑料瓶；第六类是可回收塑料类，比如商品的塑料包装袋、牙膏管、洗发水瓶子等；第七类是有害垃圾，比如干电池、水银式体温计等；第八类是资源垃圾，比如报纸杂志、硬纸箱等。例如日本横滨市设计了垃圾分类指导手册，爱知县的一些城市将垃圾约分为 26 类，熊本县水俣市约 24 类。再如，德岛县上胜町在日本国内以垃圾分类细致而著称，分类竟达到 34 类之多。分类后的回收非常复杂，常见的日本垃圾收运模式如图 4-8 所示，垃圾回收分拣装置如图 4-9 所示。特别是在相对偏僻的乡村，对垃圾收集日以及具体投放时间都有严格的规定，如果错过了指定日期和时间，就只能将垃圾存放到下个收集日再进行处理。日本许多家庭都按照垃圾划分种类在家里准备了相应数量的小垃圾桶，里面套上指定的垃圾袋，在日常生活中扔垃圾时就完成了垃圾分类，这样一到具体收集时间便可轻松将垃圾扔掉。

日本乡村的垃圾处理费用主要来源于农民缴纳。收费标准分为三种：一是定额收费制，以人头或户为单位收取费用；二是计量收费制，按照产生垃圾的数量缴费，垃圾数量多，则费用相应就高；三是超量收费制，对于某些垃圾，在一定量内免费，超量则要缴费。

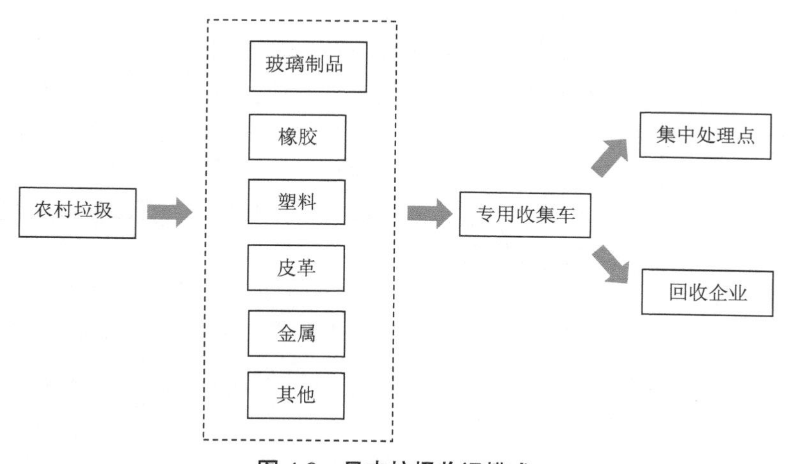

图 4-8　日本垃圾收运模式

图 4-9　日本垃圾回收分拣装置（图片来源：日本环境省）

三、日本垃圾处理技术

日本对生活垃圾进行分类处理，针对不同种类的垃圾采取不同的处理方法。传统的生活垃圾处理方法有可能产生污染，因此政府越来越重视生活垃圾处理的新技术和新方法的研发。可燃垃圾采取的是焚烧技术，流化床、炉排炉是最主要的焚烧处理方式。不可燃垃圾则采取的是压缩无毒化处理和填海造田，资源垃圾则是收集起来循环再利用。以下为日本生活垃圾常见的处理技术。

（1）垃圾填埋

日本于1977年制定了最终填埋场的构造标准及维护管理标准。规定了最终填埋场的类型为管理型填埋场、安定型填埋场、遮断型填埋场，并根据废弃物的性状规定了安全进行填埋处理的构造。对人体健康及生活环境造成危害的重金属及PCB等有害废弃物，必须在遮断型填埋场进行处理。可能污染公共水域及地下水，产生填埋沼气、恶臭、害虫等对人类的生活环境造成影响的有害废弃物，必须在管理型填埋场进行处理。废塑料类、橡胶屑类、金属屑、玻璃、陶瓷器屑、砖瓦类等对环境污染较轻的废弃物可以在安定型填埋场进行处理。

（2）垃圾焚烧技术

日本政府大力推进生活垃圾的焚烧处理，现在其生活垃圾焚烧设施的数量业已跃居世界前列。2017年，日本生活垃圾焚烧设施的数量已达1 100余家，总焚烧产能18.05万吨/日，平均单个项目163吨/日，100—300吨/日的项目数量占比最多。处理方式分为机械式炉排炉、流化床炉、用于灰渣循环再利用的气化熔融炉等，其中，炉排炉的数量占总数的70%。目前，在引进先进的环保技术的同时，还完善了高效的发电技术、自动燃烧装置和自动垃圾吊车等安全运行操作方面的相关技术。

（3）沼气发酵技术

近年来，日本为了建设循环型社会，从食品制造工序的废弃物到家庭生活垃圾、家畜排泄物、污泥等生物质进行单独或复合处理、焚烧等综合处理，对生活垃圾进行堆肥、沼气发酵、饲料化处理等多样化的处理，推动了生物质回收利用产业的发展。

（4）垃圾气化技术

传统的垃圾处理方式主要集中在填埋和焚烧。垃圾气化技术是指在缺氧的条件下以高温加热垃圾，将垃圾转化为合成气，其有效成分包括一氧化碳和氢气，经过过滤后燃烧产生能量或转化为甲烷、乙醇或合成柴油等燃料。日本已经用良好的规模化应用表明垃圾气化是一项具有强大实用性和市场前景的垃圾处理技术。

固定式气化炉是最常见的一种气化反应装置。整个气化发电流程主要由垃圾输送装置、气化炉、余热锅炉、烟气处理系统、灰渣处理系统组成。

流化床技术因其良好的传热传质特性以及对劣质燃料的良好适应性，在垃圾处理上有较多的应用。日本某公司开发的双内旋转循环流化床气化炉技术是借鉴其自有的流化床技术在气化技术上的模块化应用（图4-10）。其在设计上保证了良好的传热传质效果，并结合了飞灰熔融技术，形成了一种新的气化方式。该技术被大部分日本权威部门认可，并在许多垃圾气化电厂投入应用。

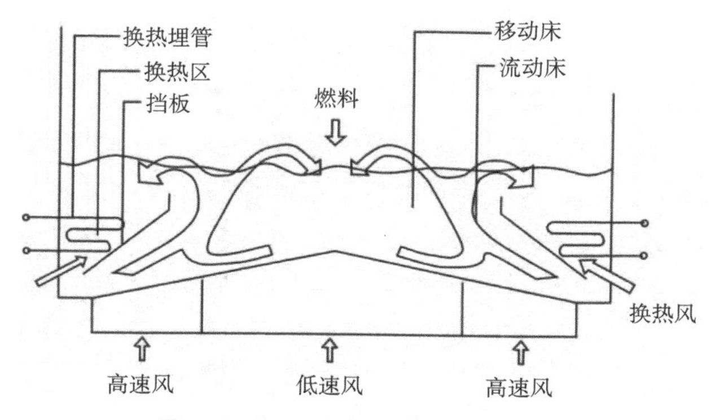

图 4-10　双内旋转循环流化床气化炉

在日本，有多家公司掌握了成熟的垃圾气化技术，并具备电厂建造资质，其中较大的厂商包括新日铁、日本荏原、日本钢铁工程公司等多家公司负责建造了 70%以上的垃圾气化电站。图 4-11 为日本公司建造的废物处理设施。

图 4-11　日本废物处理设施（图片来源：日本环境省，组图）

（5）垃圾生物降解技术

生活垃圾生物处理方法包括堆肥处理法、厌氧消化法和两种方法的混合处理法。日本实行垃圾分类，提高了垃圾的有机物含量，促进了垃圾的生物降解处理。生活垃圾的生物降解，依赖于微生物对物质的分解，垃圾中所含的微生物种群及其数量是垃圾的基本属性之一，对垃圾的堆肥化过程有明显的影响。日本学者筛选能高效降解生活垃圾的菌群，并将高效的微生物菌群接种到生活垃圾中。通过好氧与厌氧的综合处理降解生活垃圾，是垃圾生物处理的发展趋势。生活垃圾生物处理法是新兴的方法，具有降解快、无污染和能源化等优点。

2015 年，日本人均生活垃圾产生量 0.947 千克/日，生活垃圾共 4 431.7 万吨，其中家庭生活垃圾达到 3 124.2 万吨。生活垃圾经严格的分类回收后分类进行处理，生活垃圾以焚烧处理为主，全国垃圾焚烧处理厂有 1 161 家，处理能力达到 183.11 万吨，2015 年实际处理生活垃圾 3 347 万吨。除了焚烧以外，建有堆肥、沼气、饲料化、燃料化等资源化利用设施的处理厂有 1 170 家，年处理 577 万吨。对于无法资源化利用的垃圾以及焚烧灰渣等采用垃圾填埋场处理，全国共有垃圾填埋场 1 698 家，处理量为 52.5 万吨，生活垃圾减量利用率达到 98.2%。

四、相关政策与法规

日本作为垃圾治理的先进国家，环境保护法律健全，垃圾分类规则细化，资源回收门类齐全，垃圾减量目标具体，为垃圾分类处理提供了制度保障。日本废弃物相关法律见表 4-5。

《废弃物处理及清扫法》将废弃物分为“工业废弃物”和“一般废弃物”两类，一般废弃物仍由市镇村政府负责处理，工业废弃物则由排放者承担处理责任。该法明确指出，废弃物处理的管理不仅是为了解决公共卫生问题，同时也是为了保全生活环境。

《再生资源利用促进法》规定了强化资源循环利用政策的措施，如由企业实施产品回收进行资源循环利用等，以及节省产品的资源提高使用寿命来抑制废弃物的产生，促进回收物品的再利用等。

《食品资源循环利用法》规定，在抑制食品废弃物产生的同时，还应超越市町村（基础地方公共团体）的行政框架，在大范围内进行食品废弃物回收，建立饲料化、堆肥化的资源循环利用的环形网络，推动循环型社会的建设。

《建设回收利用法》提出到 2005 年建设工地的废弃水泥、沥青、污泥、木材的再利用率达到 100%的目标。这些专项再生利用法的制定，逐步完善了垃圾分类处理和回收利用的法律体系，提高了制造业领域企业的回收能力。

表 4-5 日本废弃物相关法律一览表

颁布时间	法律名称	基本内容
1900 年	《污物扫除法》	最早关于废弃物的法律，市町村开始承担垃圾处理的责任，垃圾的收集和处理成为市町村的义务
1954 年	《清扫法》	取代《污物扫除法》，旨在恰当地处理污物来提高公共卫生水平
1970 年	《废弃物处理及清扫法》	取代《清扫法》，针对经济增长快速带来的废弃物增多和多样化问题
1991 年	《再生资源利用促进法》	为了促进资源再利用，规定对产品进行分类，并由相关经营者负责产品的回收再利用
1995 年	《容器包装再利用法》	由相关经营者负责产品的回收再利用
1998 年	《家电再利用法》	对特定家用电器，要确保资源的有效利用和废弃物的正确处理
2000 年	《建筑回收利用法》	对特定建筑材料，要确保资源的有效利用并减少废弃物的排出
2000 年	《循环性社会形成推进基本法》	推动日本构建循环型社会的基本法律，提出“3R”（Reduce、Reuse、Recycle）的观点
2000 年	《食品资源循环利用法》	相关经营者要确保食品资源的有效利用并减少废弃物的排出
2001 年	《环保商品购买法》	国家和地方公共团体要率先推动购买环保商品
2002 年	《汽车再利用法》	由汽车生产商及相关经营者负责汽车的回收和再资源化

五、资金支持

日本在构建循环型社会过程中建立了生活垃圾治理资金保障捐款制度，在尊重直辖市地域特色和自主性基础上，推进垃圾处理基础设施建设。资金来源主要有以下几个方面。一是政府的财政补贴，将废弃物处理纳入政府财政预算，主要用于垃圾治理设施（垃圾焚烧场、填埋场、垃圾回收设施、化粪池等）的建设与维护，政府财政补贴占垃圾治理费用的 1/3，高者可达 1/2，费用支出方向划分可谓“事无巨细”，且每一部分支出的份额比重均有明确数据统计。比如，日本川崎市是一个人口百万的城市，该市 2011 年市政预算中有 3.6%的资金费用与废弃物事务相关，约为 223 亿日元，其中垃圾处理与维护管理费用为 144 亿日元，包括人工费 92 亿日元、处理费和委托费合计 48 亿日元、车辆购置费和调查研究费共约 4 亿日元；瓶类、罐类、塑料包装、普通垃圾、大件垃圾等各种废弃物处理经费的占比也有具体分配。二是生活垃圾收费。在居民收费方面，垃圾收费主要有三种方式：①从量制，即根据垃圾袋的大小或者垃圾票收费；②定额制，即以家庭为单位收费，对特殊群体有照顾；③量多收费制，即对定量以下的免费，超过的部分收费。日本以“随袋征费”的方式为主，简单易行，减少垃圾费征收流程，提高效率，但政府需要承担的专用袋制作成本增加，大件垃圾需要另付处理费用。

第五章　乡村厕所环境治理

厕所是日常生活中最重要和最普遍的卫生设施。据世界卫生组织数据统计，全球约60%的人口不能享受卫生厕所，约24亿人口缺乏卫生设施，9.46亿人被迫在露天排便，全球每年因粪便、黑水、灰水、黄水等污染性排放，约有150—200万儿童感染疾病，贫困及发展中国家的农村地区，卫生状况尤其恶劣，世界卫生形势依然严峻，环境卫生改善的迫切性和重要性在世界范围内形成共识。2013年7月24日，第67届联合国大会通过决议，将每年的11月19日设立为“世界厕所日”，旨在鼓励各国政府展开行动，推动安全饮用水和基本卫生设施的建设，倡导改善环境卫生及建立卫生习惯，人人享有清洁、舒适及卫生的环境。

5.1　北美国家——美国

一、发展历程

历史上，美国农村厕所也曾经面临和我国农村厕所相似的发展困境，20世纪二三十年代，美国各地先后通过了地方法规，禁止使用对粪便不经任何处理的开敞式简易厕所。此后，随着美国农村中市政管网建设的逐步完善，农村地区冲水马桶逐渐普遍应用，粪污处理技术也随之发生改变。

20世纪中期，由于美国的乡村地区地广人稀，因而粪污治理应用自然处理系统较为普遍。据报道，美国大约有25%的家庭使用了分散污水就地处理系统，其中最常见的是化粪池/土地渗滤处理系统。在使用自然处理系统处理化粪池粪液过程中，由于对化粪池的重要性不够重视，在20世纪60年代，美国各州陆续出现化粪池系统失效的现象，严重污染了地表水及地下水流域，其中化粪池监管不当是主要原因。20世纪70年代，美国国家环境保护局（USEPA）组织州、地方政府和专业人员分析分散式污水处理系统应用失败的原因，并对土壤处理的适用条件进行研究。经过近30年的探索，1997年，USEPA在国会汇报中肯定了分散式污水处理系统的技术地位，提出分散式污水处理系统的失败主要是由于相关政策和法律不够完善、建造质量无保障、缺乏专业技术指导、运行维护管理不到位、资金支持不合理等原因，其中缺乏合理长效的管理机制是该系统应用失败的最主要原因。此后，美国出台了相关的指导性文件，确保分散式污水处理系统不会对人体健康和环境产生危害。

二、治理技术模式

美国乡村厕所粪污等生活污水治理普遍采用分散式处理模式，主要有原位处理和群集处理两种系统。原位处理系统通常由化粪池和土地渗滤系统组成；群集处理系统是用于两户或两户以上的污水收集和处理系统。目前，美国分散式治理模式大约服务全国四分之一人口，是一种永久性的设施，具有与城市排水系统同样重要的地位。

化粪池在世界范围内得到了广泛的传播和应用。老式化粪罐为水泥的，新式大多为玻璃钢的，轻便、结实、密封性好。化粪池在安装时，投放特殊的发酵菌种，菌种还可以后续添加。为了保证井水不受污染，化粪罐安装时排放口会与水井之间设定安全规范距离（图5-1）。安装后的化粪罐使用寿命可达 20 年。罐中的固体物，有商家专门提供清掏服务，清掏完成以后又可以继续使用 20 年。所有粪便与废水在化粪池中发酵，固体部分大大减少，液体变成近乎清水的程度，可付费请人清理。由于化粪池内产生的气体对粪渣的扰动性较大，导致排出的粪液中固体悬浮物浓度较高（图 5-2），影响粪液在农田灌溉的使用，因此，有学者开始研究如何有效地分离粪液中的液体和固体，衍生出两格化粪池、三格化粪池，在今天仍被广泛应用。图 5-3 为美国常见的乡村厕所。

图 5-1 美国乡村化粪池安装（图片来源：USEPA，组图）

图 5-2　美国分散式污水处理系统堵塞的化粪池流出物（图片来源：USEPA）

对于化粪池粪液的处理方式，美国的乡村地区普遍应用自然处理系统。土壤渗滤处理是指依靠土壤自身的净化功能来处理污水的方法，如氧气扩散、过滤、吸附、氧化还原、生物转化、光合作用、植物摄取等。由于三格化粪池可以去除粪污中大量的固体残渣，防止其对渗滤系统的阻塞，因此化粪池与土壤渗滤处理技术（土壤渗滤、人工湿地等）相结合是常见的。

图 5-3　美国乡村厕所外观(图片来源: USEPA)

USEPA 公开了 8 种“化粪池+土地处理系统”技术模式,具体介绍如下。

(1)“化粪池+渗滤沟式”传统处理系统

① 模式介绍

“化粪池+渗滤沟式”传统处理系统主要包括化粪池和砾石排水区两部分(图 5-4)。砾石排水区是指浅层地下渗滤沟槽系统,也称为土壤净化槽,是最常用、最传统的地下渗滤装置。

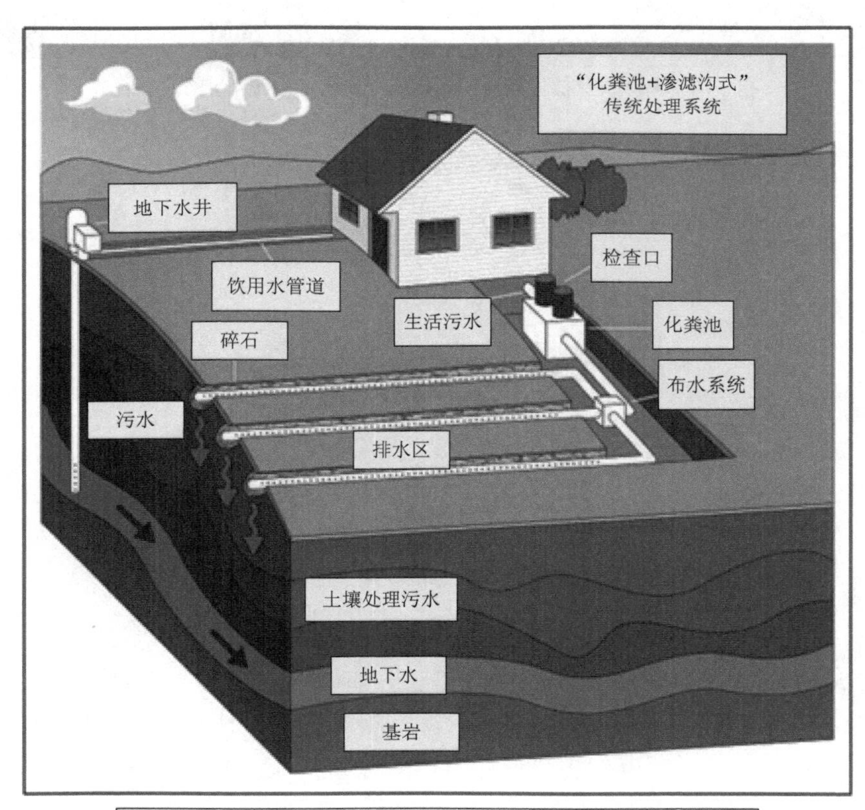

注意：本图中的化粪池尺寸并非实际比例，具体参照实际施工要求。

图 5-4　美国“化粪池+渗滤沟式”传统处理系统

经化粪池预处理后的生活污水通过布水系统，间歇式投放至浅层地下沟槽中。浅层地下渗滤沟槽系统由布水管、渗滤沟、砾石堆、处理场地等构成，通常将布水管放入一系列并行的渗滤沟中，并且在布水管周围填上砾石堆，然后将土工织物或类似材料放在沟槽的顶部，从而避免沙子、灰尘和其他污染物进入地下沟槽。进入排水区布水管内的生活污水经过砾石、地下沟槽的过滤作用后，到达沟渠下方的土壤，被土壤微生物进一步处理。

浅层地下沟槽的布水管埋深要求距地表约 0.50 米。

② 模式优点

便于建设和维护，应用广泛。

③ 模式缺点

该系统的总体占地面积相对较大，需要丰富的砾石资源。

④适用对象

“化粪池+渗滤沟式”传统处理系统通常适合庭院面积宽阔的单户家庭或小型企业建设使用。

（2）“化粪池+渗滤腔式”处理系统

①模式介绍

“化粪池+渗滤腔式”处理系统主要包括化粪池和无砾石排水区两部分（图 5-5）。无砾石排水区是指在土壤渗滤系统的渗滤沟中不再采用砾石堆，而是在处理场地中放置具有一定空间的渗滤腔体结构。

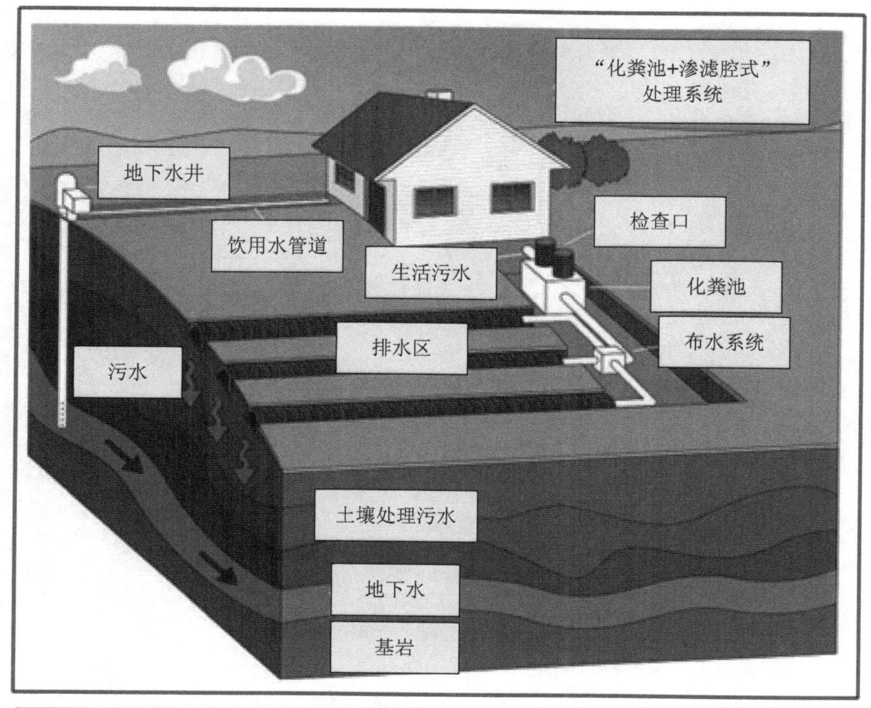

注意：为了体现演示效果，本图中无砾石排水区的渗滤腔的末端是打开的。在实际工程中，渗滤腔的末端是关闭的。本图中的化粪池尺寸并非实际比例，具体参照实际施工要求。

图 5-5　美国“化粪池+渗滤腔式”处理系统

渗滤腔由一系列相连的腔室组成，腔体通常由硬质塑料、玻璃钢、砖、石头等构成。渗滤腔四周和底部开有小孔，使得污水能够从这些小孔中渗入四周的土壤中，在渗滤腔内不需要填埋布水管道。腔室周围和上方的区域填满了土壤，腔壁也不需要合成纤维织物，污水流入腔内后逐渐从底部和四周渗入土壤中，从而使土壤微生物进一步处理污水。

此外，无砾石排水区除了采用渗滤腔，还可以采用渗滤管。管道用褶皱织物和合成材料包裹，例如膨胀的聚苯乙烯介质。

②模式优点

易于运输和构造。无砾石排水区可以用再生材料制造，大大减少了碳足迹。

③模式缺点

针对区域具体情况，渗滤腔体需要筛选适宜的材料。

④适用对象

渗滤腔系统适合地下水位高地区或砾石资源稀少地区。化粪池系统的进水量可变，特别适合度假屋、季节性旅馆、农家乐建设使用。

（3）“化粪池+滴滤分配式”处理系统

①模式介绍

滴滤分配式处理系统是一种污水扩散系统，可用于许多类型的排水区（图 5-6）。

图 5-6 美国“化粪池+滴滤分配式”处理系统

② 模式优点

不需要大量覆盖土壤。滴滤管的填埋深度只需要距离地表 0.15—0.30 米(6—12 英寸)。可以定时定量地将化粪池处理后的污水输送到排水区。

③模式缺点

在化粪池之后需要一个大容积的储液罐,此外,该系统需要电源等其他组件,增加建设成本和管护费用。

④适用对象

没有区域限制。

(4)“化粪池+人工沙丘”处理系统

①模式介绍

“化粪池+人工沙丘”处理系统主要包括化粪池和人工沙丘两部分(图 5-7)。化粪池处理后的污水进入储液罐,通过排水管,定量输送到人工沙丘系统。污水分别经过砾石、沙子的过滤后,分散到原生土壤中。

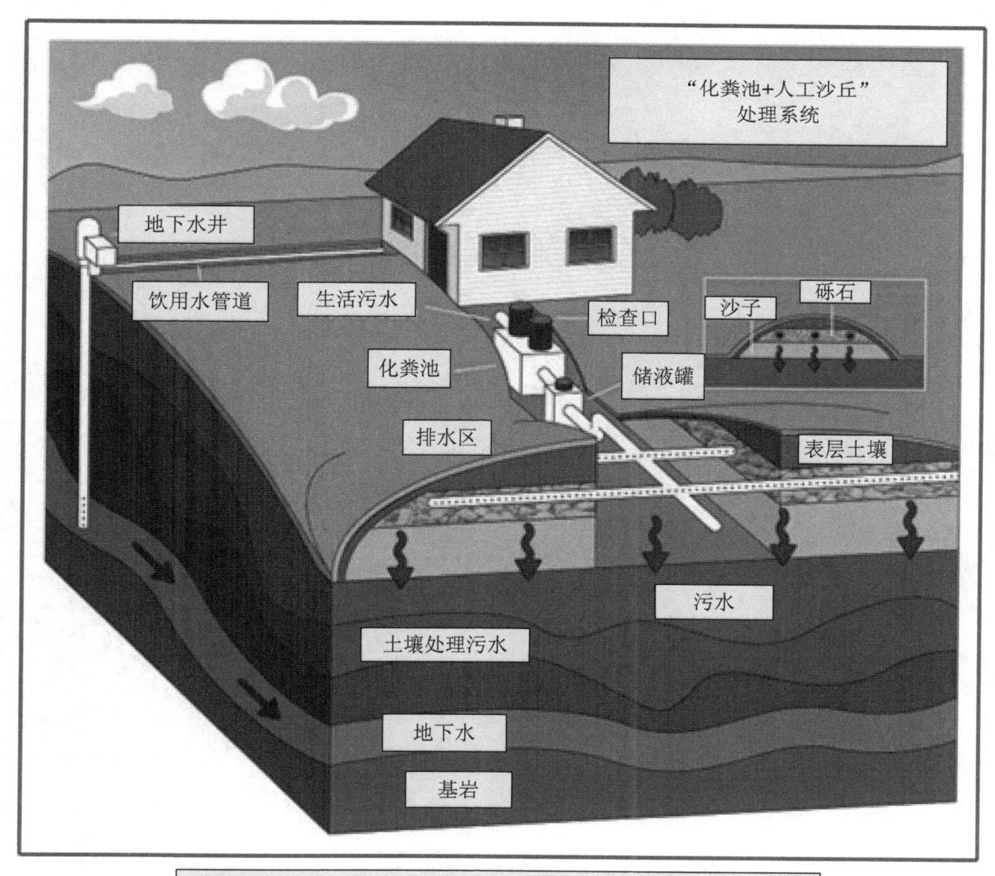

图 5-7　美国“化粪池+人工沙丘”处理系统

② 模式优点

可以定时定量地将化粪池处理后的污水输送到排水区。

③ 模式缺点

在化粪池之后需要一个大容积的储液罐，该系统需要大量空间和定期维护。

④ 适用对象

适用于土壤层浅、地下水位高或基岩层浅的地区。

(5)"化粪池+砂滤箱体"处理系统

①模式介绍

砂滤箱体系统可以建造在地上或者填埋于地下。生活污水从化粪池流向储液罐，然后将其泵送到砂滤系统(图5-8)。砂滤系统由混凝土箱建成，其内部通常由PVC内衬或者砂料填充。污水在低压下泵送到砂滤系统顶部的管道，然后离开管道，经过填充砂料的过滤，得到净化，处理后的污水排放到底部排水区。

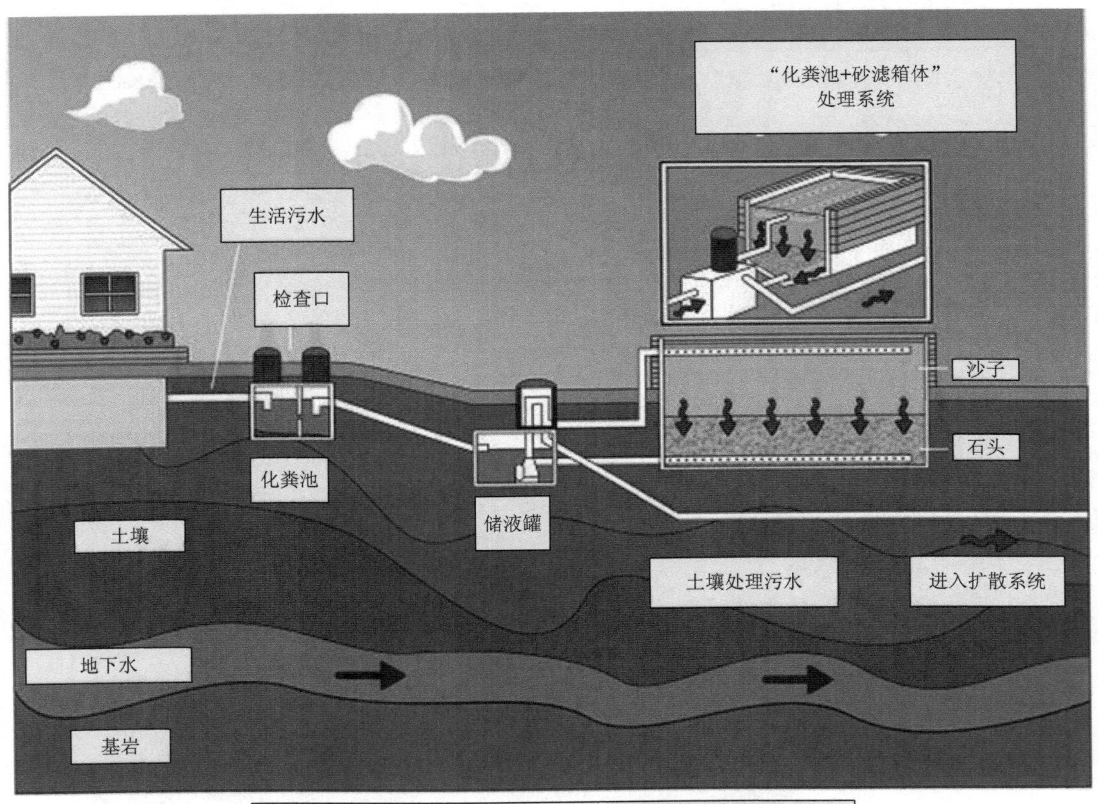

图5-8 美国"化粪池+砂滤箱体"处理系统

② 模式优点

砂滤系统对污水的净化水平高。

③ 模式缺点

比传统的化粪池处理系统造价高。

④ 适用对象

砂滤箱体系统适用于地下水位较高的地区或靠近水源的地区。

(6)“化粪池+蒸发渗滤床”处理系统

①模式介绍

蒸发渗滤床系统具有独特的排水区,系统底部衬有不透水材料。污水进入排水区后,蒸发到空气中(图 5-9)。

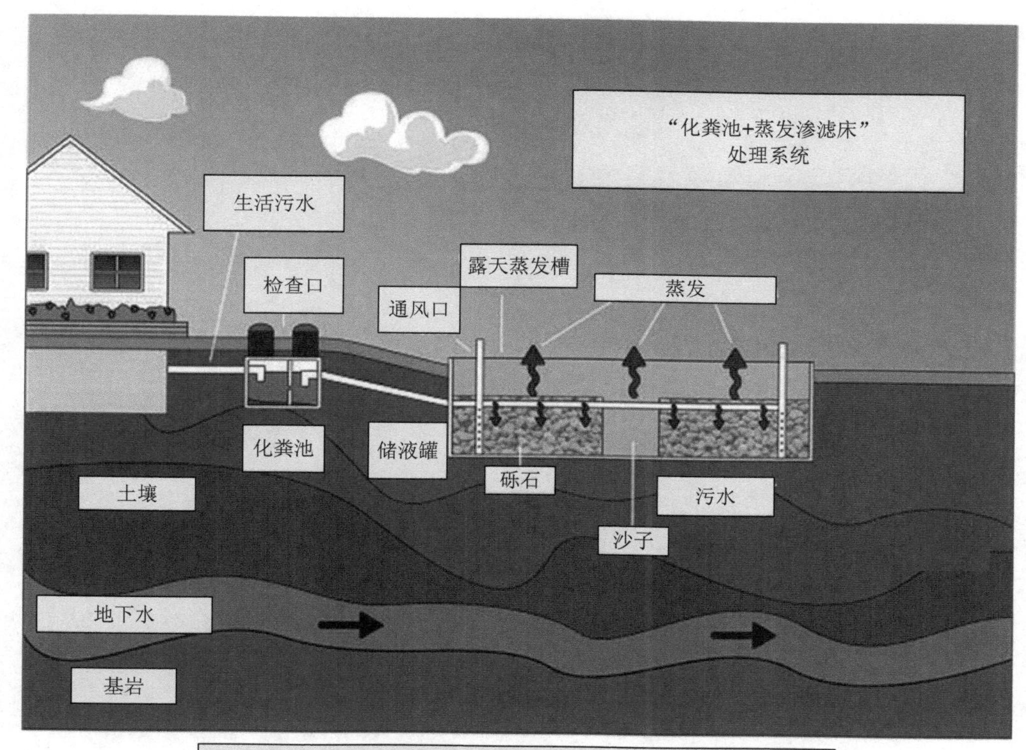

图 5-9　美国“化粪池+蒸发渗滤床”处理系统

② 模式优点

污水不会过滤到土壤,不会污染地下水。

③模式缺点

对环境条件要求高,必须阳光充足、温度较高,如果用于雨雪过多地区,会有失效的风险。

④ 适用对象

蒸发渗滤床系统适合干旱地区建设使用,在浅层土壤中效果好。

(7)“化粪池+人工湿地”处理系统

①模式介绍

人工湿地系统模仿自然湿地的处理过程。生活污水从化粪池流出，进入湿地处理单元(图 5-10)。污水穿过人工湿地系统，通过微生物，植物和人工介质，去除污水中的病原体并吸收污水中的营养成分，实现污水净化。湿地系统的底面铺设防渗漏隔水层，系统内部是由砾石和小卵石填充，搭配种植适宜的湿地植物。湿地系统可以通过重力流或压力分布来工作。当污水流经湿地系统时，可能会流出湿地，流入排水区，以便土壤对污水进行进一步处理。

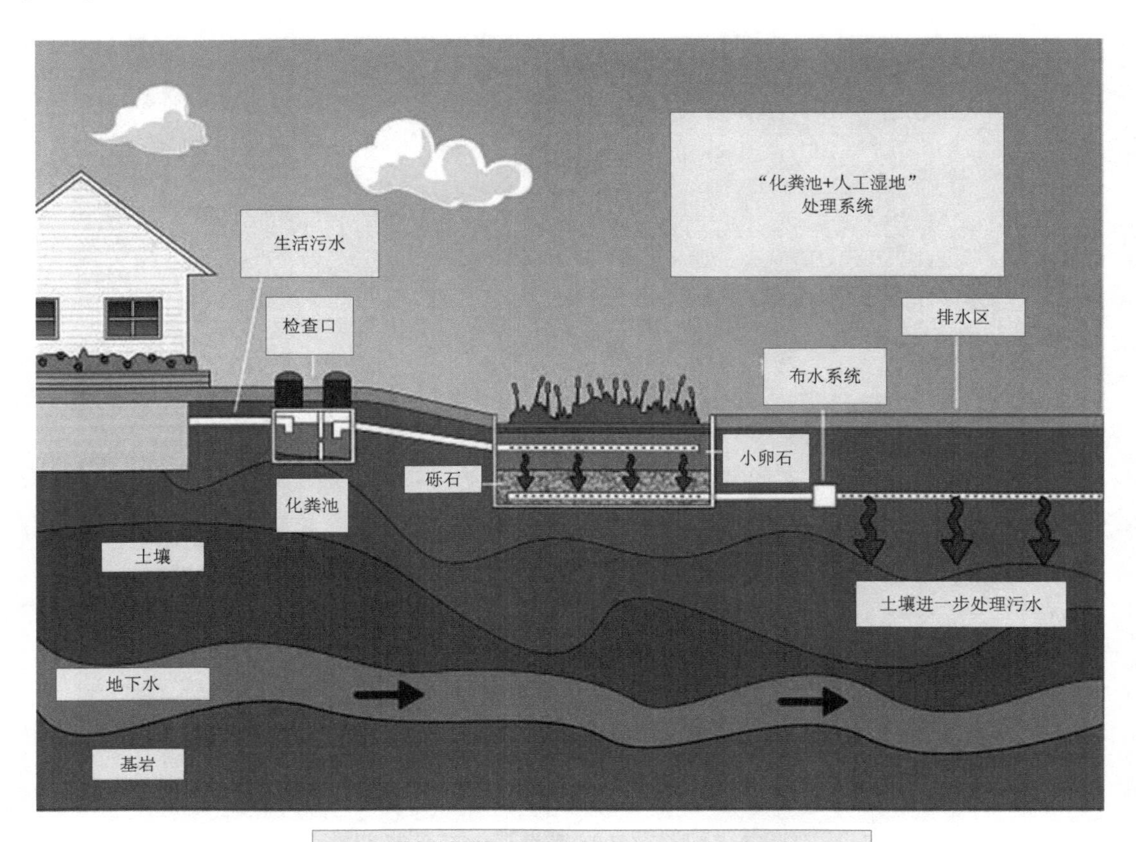

图 5-10 美国“化粪池+人工湿地”处理系统

② 模式优点

投资少，维护方便，配合种植水生植物，还可达到美化景观的效果。

③ 模式缺点

占地面积大，水生植物易受病虫害影响。

④ 适用对象

人口密度较低、污染排放较少的农村地区。

（8）"化粪池+集中社区"处理系统

①模式介绍

"化粪池+集中社区"处理系统是将多个住宅的污水收集处理，需要住宅附近选择合适地点建造集中处理污水的排水区（图 5-11）。

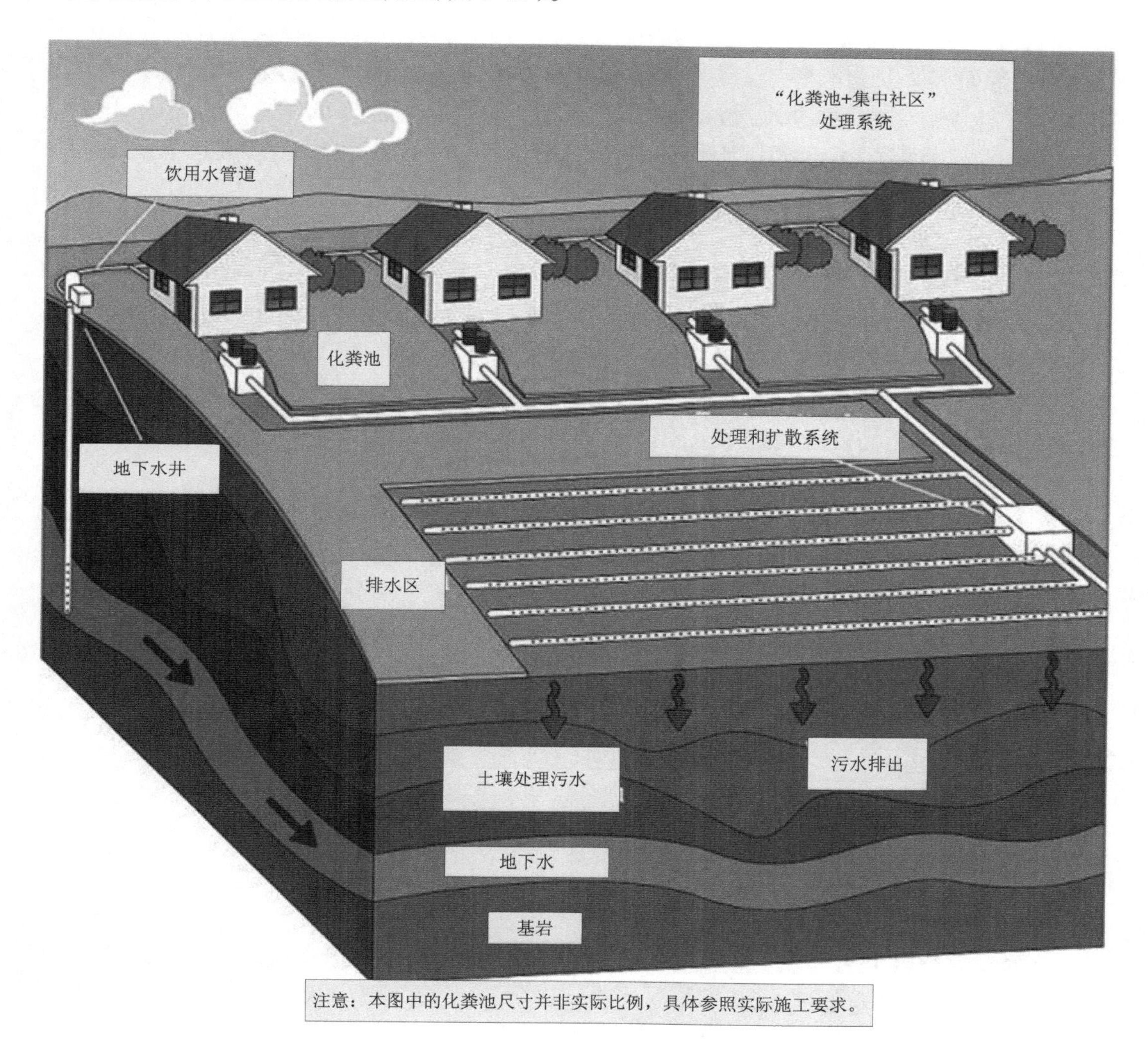

图 5-11　美国"化粪池+集中社区"处理系统

② 模式优点

农户庭院内不需要建设排水区，对农户庭院面积要求低。

③ 模式缺点

集中处理污水的排水区占地面积大，村内要有合适场地。

④ 适用对象

适合居住密集的农村社区或农户住宅相对集中的农村地区。

美国在化粪池系统的有效利用、科学管理和高效维护等方面积累了丰富的经验：①完善相关的法律法规，确定化粪池的安装管理和污水排放标准，精确规划污水排放区域及备用排放区的位置；②分解缓慢（或根本不能被分解）的废弃物不能被冲进化粪池，如烟头、油腻物质、卫生纸等；③消毒清洁剂和抗菌肥皂等家用卫生品会杀死化粪池内的微生物，降低化粪池处理能力，虽然大部分产品都允许使用，但使用得越少越好；④定期接受具有专业知识、技能及相当经验的人员进行检查，重视化粪池清掏，以维护设施的功能；⑤运用节水型冲水装置，加强节水宣传，避免因冲水量过大导致化粪池处理时间短而降低净化能力；⑥在化粪池的出水口安装过滤器，防止池中固体残渣随污水排入管道，有利于提高化粪池净化能力。

除以上 8 种技术模式，还出现了其他厕所环境治理新技术，列举如下。

（1）生态循环厕所

美国加州理工学院研发了生态循环厕所。该厕所系统是一个太阳能供电的、可自清洁的厕所系统，可以将尿液和粪便转换成氢气和肥料。该马桶的特点是有一个太阳能板给电化学反应器供电，将排泄物分解成清洁的固体和氢气。氢气存储于燃料箱，在阴天时可为反应器供电；泵则将处理好的水输送到马桶顶部的蓄水池，用于冲水、灌溉或其他目的。该系统可以离网运行，不需要任何地下基础设施，所有的结构装置可以隐藏在传统厕所的底部。

（2）蓝色分装式厕所

蓝色分装式厕所的特点是从源头就将尿液和粪便分开收集以便分类处理，并循环利用水。它是一个现代蹲式马桶，能够免水或在没有下水道连接的状态下运行。如果实现大规模和工业化的生产组装，该厕所的成本约为 500 美元，将能够为每人每天提供低至 5 美分的卫生服务。其设计特点是将未混入水的尿液、粪便以及冲洗用水分类收集，提高了资源循环利用的效率。

5.2 西欧国家——英国、德国、荷兰

5.2.1 英国

一、发展历程

英国作为开启了第一次工业革命的国家，其厕所革命也远远早于发展中国家，英国厕所的发展历程，具有一定的代表性。第一次工业革命前后，英国大批农村人口开始涌入城市，人口增长导致的瘟疫频发，使得人们开始关注卫生问题，在英国女王伊丽莎白一世时代（1558—1603），1596 年，英国的约翰·哈灵顿发明了世界上第一个“抽水马桶”，但并没有普及。随后，抽水马桶不断被改良，直到 1775 年，由亚历山大·卡明思设计了第一个具有现代意义的抽水马桶。

1815 年，绝大部分的英国人民都将自家的排水管和下水道接通，排泄物顺着下水道流入河道中，导致生态环境遭到了极其严重的破坏。19 世纪的伦敦，大部分生活供水都是从河水中直接抽取，由于水源与排泄物没有分开，1831 年爆发第一次霍乱，霍乱的产生正是因为排泄物污染了水源。19 世纪三四十年代，面对如此严峻的公共卫生问题，英国议会通过《1848 年公共卫生法》，标志着中央政府开始放弃自由主义的原则，突破地方自治的传统，通

过立法手段对公共卫生领域进行干预。1851年，抽水马桶进入了英国的家家户户，替代了便壶和便坑。自1854年以后，英国开始建设污水管道、排污管线，形成一体化的排污系统。与此同时，公厕也在英国产生，多年来，英国厕所协会一直在不断努力，发起很多与厕所相关的运动，提出公厕是检验文明生活的重要内容、厕所代表了人类的文明等观点。

抽水马桶的发明和排污系统的完善，使得英国的厕所革命成为可能，随后几年，抽水马桶风靡欧美，农村厕所因为技术的改进而普遍得到改善。就治理技术而言，在19世纪的上半叶，英国开始注意城市下水道的建设，用以收集粪便。至20世纪的二三十年代，英国开始兴建城市污水处理厂专门用于处理粪便。对于那些不在城市周边而无法利用下水道排放粪便的居民，产生的粪便主要采用的是化粪池、土壤吸附床、砂滤床等构筑物进行现场直接处理。

2019年12月9日，英国《卫报》报道称，英国厕所中使用着饮用级别的水，消耗大量的能源和资源进行清理。目前，英国正掀起一场“不冲厕所”的环保运动，兴起堆肥厕所，这种理念即将人们的排泄物和其他有机物进行相同处理，使“有机肥料”成为土地的增肥利器。

二、厕所环境治理技术

（1）创新碳化材料厕所技术

英国拉夫堡大学（Loughborough University）创新碳化材料厕所技术。该设计旨在将人的排泄物转换为碳化材料来提供热量、用于提高土壤肥力的矿物质，以及用于冲厕和洗手的水。它基于连续的水热碳化作用（Hydrothermal Carbonization），即在无氧或水的高温环境下将粪便分解成一种炭的形式，该过程可杀死所有的致病菌创造一个安全的处理条件，最终生成有价值的产物——生物炭（Biological Charcoal）、水和盐，且过程中产生的热量还能为系统提供电能。该厕所设计不仅可用于家庭还可用于公共环境，日常维护成本只需要几美分。

（2）创新纳米膜厕所技术

英国克兰菲尔德大学（Cranfield University）创新纳米膜厕所技术。该设计旨在通过膜技术实现固液分离。纳米膜厕所的驱动能量来自排泄物本身，不需要连接供水系统，就可以实现马桶冲水功能。这提供了良好的用户体验，用户不会看见和闻到排泄物。另外，固体在很小规模和空间下被燃烧变成灰分，能效非常高。目前，一个纳米膜厕所的处理规模是10人口当量的单户家庭。和尿液分离厕所不同，纳米膜厕所将尿液和粪便混合收集。冲洗系统有一套独特的旋转输送机制，无需任何水冲，同时还从视觉上提升洁净感，从嗅觉上阻隔臭气。固液分离通过沉淀来实现。他们使用一种创新的中空纤维膜分离出尿液的水分。独特的纳米结构膜促进水分以蒸汽的形式而不是液体的形式传输。这样能够有效控制病原体和其他有气味的挥发性物质。收集的干净出水可作为家用或者灌溉。在排除多余的水分之后，粪便剩下的固体会通过机械螺旋带运至燃烧室，随即转换成灰渣和电能。这些电能可以支持膜工艺的运行。若有剩余电能，还可以给其他低压电器供电。

（3）“斜坡”新型厕所技术

英国成功研制出了一种不用水冲、也不用使用除臭剂，也不需要与排污管道相连的新型厕所，称为“斜坡”，其原理是通过抑制厌氧细菌生长，促进好氧细菌以木屑为反应基质，将粪便转化为二氧化碳、水和有机肥。

5.2.2 其他西欧国家

（1）德国单坑式堆肥厕所

国外现在推广使用的单坑式堆肥厕所主要为粪尿分集式厕所，装配形式可以分为一体式和装配式两种。德国汉堡市早在2008年就推广过带可拆卸插入件和密封马桶座圈的干式马桶，技术比较成熟。其中，活动上板用于检修，活动下板用于清理成熟的农家肥。此外，装配形式更利于厕所维修制造和推广使用。

（2）荷兰焚烧式厕所

焚烧厕所系统通过将人类粪便焚烧并产生无菌灰来达到无害化和减量化的目的。该系统一般为独立的卫生系统，且不会产生污水和其他污染物质。一般分为两类：电力焚烧厕所系统和燃气焚烧厕所系统。很多国家的南极洲科学考察站采用了这种厕所系统。荷兰Cinderella公司开发的Cinderella Comfort马桶是目前比较成熟的电力焚烧厕所系统，具有可持续和环保的设计和性能。

5.3 北欧国家——芬兰、瑞典

1985年，瑞典生态专家Uno Winblad提出了免水生态厕所的概念，他认为生态厕所不仅需要满足卫生功能，更要满足环境友好要求，并且能充分利用资源，强调污染物自净和资源循环利用的概念和功能。目前，国外比较先进的旱厕大部分为堆肥厕所，有四种常见的基本类型：单坑式、多坑式、可移动桶式（垃圾桶式）和外源辅助式。

（1）芬兰多坑式堆肥厕所

国外的多坑式厕所主要在多坑位切换的构造上进行了一定的优化。芬兰研究者提出的旋转式多腔厕所比较方便切换，可以保证堆肥的时间，结合填料使用可能是一种比较好的选择。不过，如何实现臭味气体的封堵是一个潜在的问题。

（2）瑞典可移动桶式堆肥厕所

可移动桶式堆肥厕所又被称为垃圾桶式厕所，主要提供了粪便的收集场所并起到部分堆肥的作用，使用垃圾箱来进行粪便的直接收集和转移。一般需要结合集中的外部处理单元（堆肥设施）。外部处理单元的建造以及粪便的合理转运都是新的挑战。一般有粪尿分离和不分离两种类型，还有一些厕所采用了低水冲的形式。瑞典的格伯住宅项目曾提供了多层垃圾桶式厕所的布置方式，但是楼层越高，系统占地会越大，实施难度会加大，费用由于管道的增加也会明显变多。因此该种形式比较适合低楼层且具备集中粪便堆肥场地的农村地区。

（3）瑞典外源辅助式厕所

一些制造商提供技术先进的设计，配备机械设备和电加热器，以加速蒸发和降解。这些设备有助于增加容量或将空间最小化，并简化维护。传感器和集中控制系统的应用还有利于智慧厕所的搭建。其中比较典型的是强制通风和搅拌设施辅助，可加速水分的蒸发，有利于缩小设备的空间，并且有利于堆肥发酵。Biolet无排放生态厕所（瑞典）和Phoenix堆肥厕所是机械设备辅助的典型代表。

5.4　东亚国家——日本

一、发展历程

日本，这个被公认为厕所非常干净的国度，曾经也为肮脏的如厕环境所困扰。在 8 世纪，日本把厕所叫作“河屋”，就是“河上的屋子”的意思，这是因为厕所就建在河川之上、粪便顺着河水被冲走而得名。19 世纪，虽然西方的坐便器进入了日本，但是日本厕所卫生问题仍然没有得到完全改善。20 世纪 60 年代，日本开始出现蹲式马桶（日式厕所），当时的普及率仅为 9%。进入 70 年代，坐式马桶从日本首都东京开始辐射向全日本。70 年代后，日本人民生活水平提高，进而对基础公共设施有了更高要求，国民对改善公厕现状的强烈诉求，促使全日本范围内将“公厕革命”列入地方行政的重要事务。为了进一步推动及延续“公厕革命”，1985 年，非营利组织“日本厕所协会”在东京成立，该组织的首届讨论会将每年的 11 月 10 日定为“日本厕所日”，由此掀起了闻名世界的“厕所文化”。厕所从一个侧面反映了日本的社会经济和科技发展水平，日本全社会对于“厕所”问题的敏感度很高，注重厕所文化，厕所文明理念深入人心。为了维持“厕所文明”的高度，很多地方的小学就有关于厕所及如厕行为方面的教育，甚至每年还会举办“少儿厕所研讨会”。此外，日本厕所协会提出“创造厕所文化”的口号，致力于通过各社会团体和个人的沟通及合作，不断完善日本的公厕设施。该协会确定了日本的“厕所日”并定期举行厕所问题专题研讨会，根据清洁度、舒适度等评选“十佳公共厕所”，不仅如此，该协会还设立了基金，用于奖励世界各国独特的厕所设计，创造人类厕所文化。

日本在 20 世纪 90 年代开始大规模普及智能马桶，通过完善的行业标准、有保证的产品质量和企业的宣传提升日本人民对智能马桶的认知和认同。多年来，日本深入每一项人性关怀的小细节，构建了以“清洁化、人性化、科技化”为核心内涵的厕所文化，彰显了款待之道、对女性关怀、节俭的工匠精神。“日本厕所日”继而在世界范围内引起较大反响。

就治理技术而言，20 世纪 60 年代末，日本粪便处理的目标从成本低廉、卫生灭菌向低污染、高质量转变，开始应用一些新的开发技术，如好氧处理法、湿式氧化法以及化学处理法等一系列生化处理法。进入 21 世纪后，许多农村都有较为完备的排污系统，如几家共用一个排污池，由外包的清洁公司定期清理粪便。日本较为发达的地区集中建立了污水处理站，收集片区内的全部污水粪便处理，作为氮肥、灌溉用水、沼气使用。此外，日本有许多企业专门致力于研究厕所马桶和上下水设备，着力于研究可以代替用水冲洗排泄物的各种处理方法，如焚化、蒸发、细菌处理等。

近年来，日本开创了针对农村地区的一体化粪污处理配套技术——净化槽，还成立了农村污水处理行业协会及培训机构，为后续粪污处理解除了后顾之忧，有效缓解了农村厕所改造中最为棘手的环境污染难题。至 2014 年，日本水冲厕普及率为 93.4%，公共下水道覆盖 73%的人口，20%的人口采用净化槽。截至目前，日本粪尿处理率达 100%，主要通过污水处理设施和净化槽处理，并对净化槽内的污泥进行常态化的清理和处理。部分粪污采用集中处理方式，全国有厕所粪污处理中心 945 座，主要为标准化污水处理设施或高负荷污水处理设施，分别为 229 和 167 家，采用好氧发酵的有 87 家、厌氧发酵的 31 家。2017 年的智能马桶盖、2019 年的家庭温水洗净坐便器在日本的普及率分别高达 80.0%和 80.4%。

二、治理技术模式

日本农村厕所环境治理能够良好有序推进，主要取决于改厕技术的创新。目前，日本粪污处理主要以净化槽为主。

（1）净化槽处理粪便污水

日本处理粪便污水的技术非常先进。对于人口比较密集的地区，通常使用净化槽来处理粪便污水和其他的生活污水。净化槽主要是利用生息在槽里的各种细菌和原生动物等微生物对有机污染物进行生物降解，来达到净化污水的目的。因此净化槽的构造主要是为能够最大限度地发挥微生物的生物降解功能来设计的。除此之外净化槽还有固液分离功能，污泥浓缩和储留功能，以及消毒功能。净化槽的处理能力、处理工艺及壳体的材料等，可根据建筑物的使用用途、所处理污水的水量和水质，以及排放水体的环境标准来决定。图 5-12 为日本不同类型的小型净化槽，图 5-13 为日本净化槽的安装、清扫、消毒与出水回用现场。

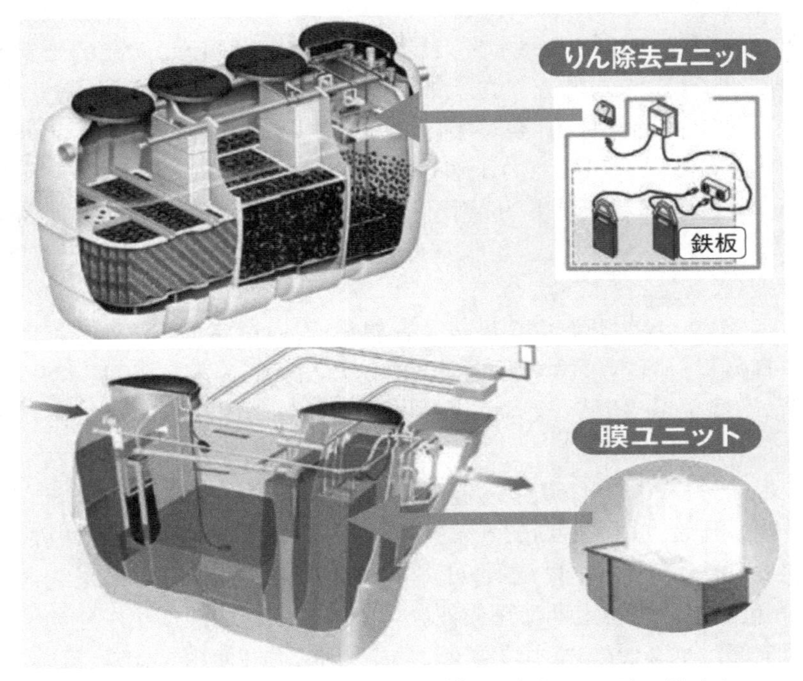

图 5-12　日本不同类型的小型净化槽（图片来源：日本环境省）

图 5-13　日本净化槽的安装、清扫、消毒与出水回用（图片来源：日本环境省）

（2）木屑免水冲生态厕所

日本还研制出一种木屑免水冲生态厕所。该厕所是一种新型的环保生态厕所。它是在坐便器下方建造一个长方形池，内填充木屑作为微生物的反应基质，并辅以较小的动力搅拌，通过有氧微生物的放热发酵，将粪便转化为无臭味的水、二氧化碳和较干燥的有机肥，整个过程不需水冲。与传统的厕所相比，它既不浪费水资源，也不需要下水道系统，同时产物还可以作为有机肥。目前这种生态厕所在日本的许多城市公共厕所和旅游景点得到广泛应用，并进一步向家庭使用推广。

（3）多功能智能坐便器

日本的"厕所革命"比较注重科技和日常生活的结合，在厕所设计上也有着较多体现。日本东陶公司（TOTO）生产的包括洗净功能在内的多功能智能坐便器，高科技含量全球领先。此外，日本许多公厕马桶旁踏脚下的电子秤会测出用厕人的体重，旁边的扶手会量出血压、心跳，马桶内的化验仪器会分析出粪便中的蛋白质、红白血球和糖分，使其成为一个较为便捷的反映身体健康指标的机器，极大地提升了如厕体验，也充分展示了其科技发展水平。

三、治理特点

（1）厕所用品配备齐全

受制于寸土寸金的地价，日本公共厕所往往面积较为狭窄。麻雀虽小，五脏俱全——厕纸、消毒剂、洗手液、烘手机、扶手、挂衣钩都是最基本的配备。为避免未及时更换厕纸给如厕人员带来不必要的麻烦，备用厕纸也不可或缺，即便遇到厕纸告罄的情况，也可通过呼叫铃联系管理人员送来厕纸。

（2）人性化服务特殊群体

日本公共厕所在母婴厕位的人性化细节上做得非常到位，为方便带婴儿的女士，在厕位旁留出放置婴儿车的空间。考虑到母婴一同如厕的实际需求，女厕内一般设有多功能"婴儿专座”，母亲既可以在隔板上为婴儿更换尿布或将婴儿暂放在隔板上，也可以在如厕时让稍长的儿童坐于婴儿座位内。有些厕所内部还备有儿童专用的小号坐便垫，帮助儿童学习使用公共厕所。

目前，日本大多数公厕都附设一间残障人士专用厕所，使他们同普通人一样，能够获得室外活动的平等权利。考虑到一部分残障人士依靠轮椅出行，其使用的厕位面积都较大，相关法规更对公共厕所中供残障人士使用的厕位单间面积、入口尺寸、洗手台高度、镜面高度及倾斜度等提出了详细要求。

（3）与周围环境保持高度协调

日本公厕往往在建设前就以周边市民为对象进行广泛的问卷调查，力求与周围环境相协调，为使用者创造出舒适、愉快的感受。无论在景点、公园或街道，东京的公共厕所在外观上都与周边的建筑保持了高度一致的风格，很少有装饰豪华、格格不入者。

（4）重视弘扬厕所文化

为了弘扬厕所文化，日本东京率先在风景区建造“文化公厕”，在许多景点都能看到一些外观颇具特色的公厕，它们根据所在的环境而采用对应的建筑风格，具有一定的艺术特色，令人在使用同时还能领略到独特的历史文化风情。

与日本桥仅隔一条隅田川的深川街区保持着古朴素雅的风情，建筑颇有江户时代的特色，就连这里的公厕也造型复古，门口挂有布帘，乍一看好似一间传统风格的日式居酒屋。管理部门特意在公厕门口挂了一块“江东区公共厕所”的牌匾，融于周边建筑而又不致误解。

同样位于隅田川河畔的厩桥，其本身即为东京著名的观光景点之一。在厩桥西面的警亭旁，矗立着一座具有现代风格的雕塑公厕，其入口被巧妙地设计成人脸雕塑——蓄有胡须的为男厕、涂有口红的为女厕，如此一来，即使站在远处也能轻易分辨出男、女厕所，充分融艺术于生活，堪称一处诙谐幽默的城市小品。

四、相关政策与法规

为了确保厕所的结构质量、规范供应商的行为，日本政府相继制定了《建筑基准法》《净化槽法》《废弃物处理与清扫法》及其他配套规范细则。在后续的运营管理流程中，日本政府与第三方机构合作构建了多主体运营管理体系，形成强制性约束的格局，构建了农村厕所从生产建设到运营维护全过程的行业机构负责制。

日本政府为了能充分发挥净化槽的功能，规定必须遵循净化槽施工技术的标准，在具有国家认证资格的净化槽设备士的监督下，由在都道府县知事处注册后的净化槽施工企业实施安装工程。净化槽法中规定，净化槽使用者中的责任方为净化槽管理者。净化槽管理者必须定期对净化槽进行检查，并实施堆积污泥的搬运等清扫工作。由于净化槽管理者并不一定具有检查和清扫方面的专业知识，通常是将这些业务委托给净化槽维护检查企业和净化槽清扫企业来进行。净化槽法还规定，净化槽每年必须接受一次由都道府县知事指定的检查机构实施的法定检查，以确认这些维护检查和清扫工作是否切实地得到实施，净化槽的性能是否得到正常发挥。基于净化槽法，在净化槽的生产、施工以及维修检查、清扫及法定检查等各个阶段中实施符合规定的作业，净化槽系统才得以正常地发挥作用。

第六章　乡村景观保护

乡村景观是乡村地区范围内，经济、人文、社会、自然等多种现象的综合表现，是一种具有特定指向的景观类型，其与城市景观有着较大的区别，城乡景观的差别主要体现在景观性质、形态等方面。乡村景观是人与地交互作用的产物，属于复合体，而且有着明显的地域差异，蕴含着当地特殊的风俗文化，所以，乡村景观有着地域特色。乡村景观可以反映当地的经济、地理以及社会结构，反映人们的生活习惯以及生产方式特点，如果这些因素出现变化，则会引起乡村景观的变迁。国外乡村景观保护开始较早的为欧洲国家，主要集中在20世纪五六十年代，不同地区的国家结合地域自然特点与文化传承等因素，形成了不同的乡村景观发展理念，建立了完善的乡村景观规划理论和方法体系，影响和推动了世界乡村景观规划与设计的发展。一些欧美学者提出，乡村景观保护要结合乡村发展规划，综合政治、经济、文化、生态、价值形态等多方面因素，充分挖掘乡村的特色人文景观，营造休闲、生态的乡村景观，形成具有乡土文化特色、休闲旅游功能的新型乡村景观。

6.1　西欧国家——荷兰、德国

6.1.1　荷兰

荷兰是世界上最早开始研究乡村景观保护的国家，农业的发展对荷兰乡村景观的发展起到了重要的影响。荷兰人在追求效率和发展的同时，非常注重乡村景观的品质。荷兰乡村景观有着独特的魅力，从上空俯瞰荷兰，一片片的树林、成排的树木、大块的农田、水渠、道路和村庄，构成了美丽的乡村景观。如今的荷兰乡村已形成秩序、空间、功能相融的宜人环境，成为欧洲的典型代表，闻名海外。

一、发展历程

荷兰的乡村景观经历了漫长的发展过程，其乡村景观保护与土地管理密切联系。长期以来，荷兰人不断围海筑堤，通过数年时间的排水、回填和土地养熟，将海域和泥炭沼泽地等自然景观转变为适合于耕作的文化景观。20世纪后，荷兰开展了大规模的土地整理和大尺度的乡村景观保护行动，圩田建设、土地整理和乡村景观规划，彻底重新组织和塑造了荷兰的乡村，使其成为一种“干预的景观”。从1940年开始，荷兰风景园林师逐渐参与到乡村工程、土地改善和水管理的项目中。1950年之后，国家林业部门尤其是园林部门鼓励风景园林师和园林咨询人员参与到乡村景观保护与规划的领域。至今，乡村景观保护依然是荷兰学者重要的研究领域，以全面保护乡村地区的自然环境，提高乡村景观的视觉品质，促进乡村地区经济效益、社会效益和环境效益的统一。

从政策与法律法规的演变角度而言，20世纪初，荷兰主要以促进农业生产为目的，颁布了《土地整理法》，通过集中土地、整体规划，以增大景观尺度、增加生产效率。1924年，为改善农业土地的利用方式，达到农业现代化的目的，荷兰颁布了第一个《土地重划法案》。随后荷兰又颁布了《乡村土地开发法案》等一系列法案，使乡村景观由单纯的土地规整过渡到整体的乡村规划，乡村的功能开始得到重视。1947 年，荷兰颁布了《瓦赫伦岛土地整理法》，开始从简单的土地重新分配转向更为复杂的土地发展计划。1954 年，荷兰颁布了第 3 个《土地整理法》，该法明确规定了乡村景观保护必须作为土地整理规划的一个组成部分，乡村景观规划自此在荷兰获得合法地位。这一时期乡村景观保护的主要目标仍然是为农业生产而分离土地的使用类型，但开始涉及户外休闲、景观管理及自然保育等其他方面的利益。到 20 世纪 70 年代，整体乡村规划的理念产生，荷兰开始关注交通运输、户外休闲、景观保护等方面。80 年代，规划将重点向生态转变，由小尺度景观向大尺度景观改变。荷兰乡村规划理念倡导“功能主义”，乡村景观的主要功能是居住和体验，基于乡村地形地貌、河流、道路、农田肌理，注重生态网络与河流的生态设计，尊重历史的延续。

荷兰为了提高乡村土地利用程度而调整产业结构，调整乡村景观布局，其乡村景观保护的主要目的是提高乡村土地利用率。荷兰也因此颁布相应法规，明确规定要将乡村景观规划和乡村景观建设视为乡村土地整理的重要部分。近年来，荷兰成立了“国际土地多种利用研究组”（ISOMUL），在推进土地利用、保护和恢复乡村自然生态价值、协调边缘绿地等方面起到了核心指导作用。此外，荷兰因地制宜制定了一系列符合国情的农业发展政策及战略，提升了农业的国际竞争力，促进了农村经济的发展，同时协调了人与自然的关系，保护了乡村地区的自然生态环境，实现了可持续性发展。

二、治理特点

与大多数欧洲国家相似，荷兰的乡村景观保护具有鲜明的特点。

（1）注重加强区域间功能要素的整合

20 世纪 70 年代初，荷兰社会的发展对乡村地区产生了很大影响，整体乡村规划的思想应运而生。乡村土地开发关注的不只是农业，更加关注乡村地区交通运输、户外休闲、景观保护等功能的整体结合（图 6-1）。以艾莫尔镇为例，该镇由海文区、斯坦德区和培登区三个各具特色的功能区组成，每年向市民提供 3 000 套住宅。这些乡村定位准确，乡村景观规划设计科学合理，形成了建筑风格和样式特色各异、环境优美、居住条件舒适、交通方便、功能齐全的乡村景观，满足了不同人群的生活需求。

图 6-1 荷兰乡村景观（图片来源：黄一帆）

（2）科学合理的村镇布局与特色鲜明的建筑结构

规划村镇布局和乡村建筑是荷兰乡村景观保护的重要内容。荷兰村镇的建筑不高（图6-2），多为二三层，最高的建筑是教堂，既为村镇的标志，又是村镇居民聚集的地方。布局一般位于村镇中心，服务半径适中，大大缩短居民进入教堂的距离。镇区住宅多为联立式布置，以条形居多，朝向良好，前后两幢住宅的间距较大，有利于住宅的通风采光和宅间绿化，生态环境较好。建筑形式是坡顶，建筑色调以黄墙红瓦为多，因周围栽有大片的草地和树林，故黄墙红瓦更能衬映建筑的优美。

图 6-2　荷兰乡村建筑景观（图片来源：谢菲）

（3）注重乡村景观的历史文化保护

荷兰乡村非常注重对乡村景观的历史文化保护。政府对于乡村的风格、历史建筑的保护、历史街区的保护与恢复、乡村功能的定位以及建筑密度体量、色彩等都有严格的要求。例如，荷兰村镇公共基础设施建设与维修，以及民居的住宅维修，以"修旧如旧"原则保护乡村传统景观文化。

（4）乡村景观保护坚持以人为本

荷兰乡村景观保护非常注重利用乡村自然环境条件为村民提供良好的休闲场所（图6-3）。例如，荷兰利用乡村景观为老年人提供老年服务设施。村镇的老年活动中心布置在环境幽雅、空气清新的河边或村镇郊外，便于老年人修身养性。

图 6-3　荷兰乡村田园景观（图片来源：谢菲）

三、乡村景观类型

经过漫长的发展，随着土地整理政策目标的转变，荷兰乡村景观经历了从服务于农业生产的现代化、合理化，转化为农业、休闲、自然保护、历史保护等多种利益综合平衡，最后从自然保护发展到创造“新自然”的整体趋势。荷兰的乡村景观有如下模式。

（1）功能性景观

荷兰的乡村景观学者坚信应由技术理性来服务公众和使社会进步。因此，荷兰乡村景观具有功能性特点，能够反映工业社会的特征、场地潜在的可能性以及项目的特殊性。例如，泽兰省的瓦赫伦岛是荷兰西南部的一个小岛，面积 150 km²。瓦赫伦岛由于拥有茂盛的植物和宜人的景观，被称作“泽兰省的花园”。第二次世界大战期间，因遭受毁灭性灾害，土地利用状况较差，农业生产效率较低。战后经济恢复期，为提高农业生产效率，荷兰学者创造了一种功能性景观，即综合考虑功能和视觉感受，重新规整划分土地，规划种植。在海岸附近道路两侧种植了防风林带，在海岸沙丘的内侧规划了大片森林，岛内河边道路的两侧种植了乔灌木，在穿过圩田的道路两侧没有种植，形成了圩田与海岸地区、河边地区空间感受上的虚实对比。功能性景观极大程度满足了该时期农业生产的实际需要。

（2）可读性景观

可读性景观简单而言，是指能够清楚识别乡村景观中各因素之间的紧密联系和功能作用。可读性包括两个方面：空间与时间。空间可读性，主要是辨认空间的关系，风景园林设计师基于地形地貌、土壤、植被、运河、道路、农地、村庄和城市等，发掘景观中“隐形的系统”，建立起景观肌理的空间逻辑。同时，设计师注重延续历史遗迹，将场地上的历史特征转入新的景观结构和形式之中，使其具有时间可读性，创造一个地域性的、可持续的荷兰乡村景观。

弗里斯位于德伦特省，面积 70 km²。该地区村庄 3/4 的农业用地是牧场，其余的作为耕地使用。该地区乡村景观规划的主要目标是恢复和保护乡村景观。设计师哈利德维洛姆通过保护和恢复最有价值的区域，在乡村景观单元之间的过渡区域种植林地和树篱，使不同的景观元素有着清晰的界定范围，恢复以前乡村景观元素之间的差异。

（3）生态网络景观

生态网络的概念提出，其目标是将现有的和新建的自然区域整合成为一个连贯一体的空间网络，通过增加自然区域的生物承载量和增加自然区域的连接性，促进“具有国家和国际意义的生态系统的可持续的保护、恢复和发展”。20 世纪后期，荷兰乡村景观保护更加关注乡村景观中的自然生态环境，在景观保护中注重宣传生态学原则并进行系统应用。生态网络中既包含自然核心保护区域，也包含户外休闲、森林、淡水水库等其他形式的土地利用方式。荷兰学者依据景观生态学理论，规划区域生态网络，维护地区内的生物多样性，改善乡村地区的生态环境。图 6-4 为荷兰优美的乡村生态环境。

例如，荷兰南部的勃拉邦特省，总面积 4 900 km²。勃拉邦特乡村原有的森林和自然区域很少被保留下来，森林土壤状况较差，自然区域多为泥炭地和沼泽地。为此，荷兰提出了一个生态的结构网（包括互相联系的自然核心区域、发展区、连接区和森林区）、几个农业区，以及旅游和户外休闲区域，绘制出了整体的生态、农业和旅游结构的乡村景观。

图 6-4　荷兰乡村景观(图片来源:左图夏晓茜,中图谢非,右图谭云之)

6.1.2　德国

乡村振兴战略最早起源于德国。在全世界范围内,德国较早对乡村景观进行了研究,并对全世界范围内乡村景观保护产生了一定影响。德国在乡村景观设计上很早就提出了有关村落保护、乡村整体规划、生态环境的改善等问题。通过使用法律手段制定合理的乡村景观更新策略、强调将历史风貌和乡村景观保护思想结合、在农业发展和土地利用中注重对乡村生态环境的保护和改善、分阶段建设乡村基础设施等措施,对于乡村经济发展、文化传承、环境保护等都起到了重要的促进作用。

一、发展历程

第二次世界大战对于德国乡村景观造成了极大的毁坏,随着后期经济复苏,化工、汽车、机械等新型工业不断发展,同时带来了环境污染、土地过度开发等问题。20 世纪 50 年代,随着德国城市化的发展,乡村地区的人口急剧下降,城乡发展失衡,德国乡村地区面临着"空心化"的问题。为了重新振兴衰退的乡村,德国提出了"乡村再发展"战略,以发展乡村的基础建设为目标,推进土地整理,此时期处于德国乡村发展的低级阶段。20 世纪 60 年代之后,德国开始意识到传统乡村景观价值,注重历史文化保护,提出在继承传统基础上进行更新。70 年代后,德国重点关注乡村建设中的生态环境保护,提倡保留乡村景观区域独特性,公众环保意识进一步提升。20 世纪 80 年代,可持续发展理念的提出推进德国实行"生态、人文、美学"的全面发展战略。德国突出生态优先理念,在乡村景观保护上采用生态占补平衡措施,保护建设生态景观,做到"规避""平衡"与"补偿",保持生态功能的稳定与持续。通过长期的实践总结,德国形成了较为系统的乡村景观规划理论:将乡村土地利用规划、空间布局结构、自然生态文明、地域文化建设、旅游发展等各方面要素相结合的综合性景观规划。

20 世纪 70 至 90 年代,德国又提出了"乡村更新"战略,这一战略的提出使德国的乡村由低级阶段转向高级阶段。这一阶段将乡村作为一个整体,用更加多元化的角度去推进乡村更新,将乡村的经济建设、生态建设和文化建设整合同步发展,并进一步强调乡村面貌的独特性,重视乡村生态环境的整治,以促进乡村的可持续发展。进入新世纪至今,德国的乡村景观规划进入了乡村综合治理阶段，具体表现为用更加全面的角度去考虑乡村发展，从乡村地区的景观特色、文化传统、生态保护、社会活力等方面开展整合性乡村建设工作。

二、治理特点

德国的乡村景观保护与农地的重新开拓、景观的规划，以及农村的改革换新有着密切的联系。在欧洲，德国具有较高的现代化程度，村镇建设处于世界领先水平。德国乡村景观保护的巨大成就与村庄更新规划的实施密不可分，村庄更新规划作为改善农村地区生活条件的综合性规划，既要根据村庄发展需求制订具体的实施计划，又要使项目符合区域整体的规划要求。这一规划一方面能够推动乡村城市化的发展，促进乡村产业结构的调整和优化；另一方面使村民的生产生活条件得到了极大改善，德国乡村自然景观、人文景观等得到了较好的保护和传承。在具体的乡村景观保护与建设过程中，德国始终坚持生态化、特色化与人性化的统一，在管理制度上则以政府主导为主，其主要特点包括以下两点。

（1）注重乡村生态环保建设

德国乡村建设非常注重城乡格局的均衡发展，同时，在乡村公共基础设施与社会服务设施建设时注重村落建筑与自然景观相协调。德国历来重视环境保护工作，经过几十年的努力，德国的景观建设目标已从保护单一的自然环境，转变为以全面提高环境质量、保护自然景观为主。德国在乡村景观建设中始终坚持生态第一、环境至上的原则，杜绝为了经济发展而牺牲环境的行为。每个建设项目在实施前都要经过严格的环境评估和科学论证，最大限度地确保人居环境和生态安全。

（2）注重单体设计与整体景观的协调

村落建筑与周边自然环境的巧妙融合是德国乡村景观的特点之一。德国乡村景观单体建筑充满个性化特征、淳朴自然，与地形、植被等自然景观要素构成的整体景观景色呼应，相互协调。德国乡村景观单体设计与整体景观能够深度融合，其很大程度上是由于德国乡村景观具备科学合理的规划设计与调控程序。德国乡村景观建设项目的实施需要通过严谨的专家论证、招标设计、相关部门批准等多项程序才能落地实施，其科学性与合理性为乡村景观建设提供了良好的保障。

三、相关政策与法律

德国乡村建设经历了土地整治、景观建设和农村更新规划这三个阶段。在由传统农业向现代农业的转变过程中，德国政府注重对农业和乡村景观的研究，率先提出土地整理理念。德国的土地整理已有百年历史，其中前后颁布了《自然保护法》《土地整理法》《自然与环境保护法》三个法案。在三大法案的法律保障下，德国加强乡村基础设施和公共服务设施建设，坚持绿色发展理念，实施乡村景观保护，为乡村和乡村景观的可持续发展打造了良好的基础，农村的收入水平与生态环境得到了相应的改善。

6.2 东亚国家——日本、韩国

6.2.1 日本

日本在20世纪中后期经济迅速发展，使得乡村发展面临农村弃耕、地区差异过大和农村后继乏人等诸多问题。日本通过"町村大合并""一品一村"运动，提出日本传统乡村聚落保护、乡村特色旅游，以及日本新型农村现代化等探索发展理论，民间利用主导的造町活动，逐一发展出各地方的特色产业或观光资源。相继形成了日本的环境保全型农业、循环型农村社会、市民农园等治理模式，形成日本式城乡共生的和谐发展局面，使得日本的农业与工业齐头并进，共同发展。近年来，日本注重现代文明和传统文化的保护，上千个地方自治区域制定与造町（村、里）相关的法令，以期用严格的法律条件保护地方自然环境。图 6-5 为日本一处景色宜人的乡村景观。

图 6-5 日本乡村景观（图片来源：邓玉莹）

一、发展历程

在亚洲的乡村景观发展史中，日本极具代表性。第二次世界大战后，日本大力发展国家经济，偏向城市化、工业化发展，片面追求经济增长，从而造成城乡发展不均衡，乡村发展落后，乡村景观也难以避免受到冲击。为了振兴乡村，日本政府开始投入大量资金、人力，立足乡土、自立自主、面向未来，对乡村农田进行了大整改，加强完善乡村的生态、景观功能，有效地保护了乡村环境。1968 年，日本颁布了《景观法》保护乡村景观及限制乡村景观的规划。20 世纪 70 年代，日本推行"造村运动"，自下而上地对乡村资源综合开发，倡导"一村一品"运动，激发了村民建设家乡的热情。该运动主要通过挖掘当地居民们认可的产品和资源，经过利用和宣传使其成为当地的标志性项目，乡村的精神层面和物质层面都得到了极大的改善。此次运动的作用体现在三个角度，包括改善乡村生活环境、振兴农业产业、保存传统建筑聚落，对日本传统乡村景观保护起到了重要的作用。日本民众及政府对自然资源的重视很大程度上促进了日本乡村景观的发展，从造村运动开始，乡村的污染物治理、乡村的道路基础设施建设，以及农田的整体优化都是从改善环境开始，将乡村的生态功能转变成一定程度的经济功能。80 年代以后，日本更加重视对乡村景观的研究，并提出了一些更为系统性的观点和方法，包括乡村景观资源的属性特征、资源的种类划分标准、资源分析方法、资源评价体系等诸多内容。20 世纪八九十年代，日本对乡村旅游景观的系统研究也相继展开，涉及乡村旅游景观资源的特性、分析、分类、评价和规划等各个方面。90 年代以后，日本通过组织大量乡村环境相关的评比活动，以促进乡村景观建设的积极性，提高人们对乡村景观的全新认识。较为典型的有"美丽日本乡村景观竞赛""舒适乡村"等，推广乡村建设的优秀案例，以促进乡村的治理与建设，营造优美的乡村景观。80 年代至 90 年代，日本在乡村景观资源特性的研究与分析、乡村景观类别划分与评价、乡村景观规划设计与实施等方面进行研究。通过半个世纪的探索，日本摸索出了一套适合乡村发展的道路，并创造出了轻井泽、宇治茶乡、合掌村等知名案例。

二、治理措施及特点

（1）高度重视保护原生建筑，制定景观保护与开发规则

日本农村多建设单独成户的住房，建筑形态坚持传统建筑特色，采用天然建材，在依旧保持传统建筑形式风貌的基础上，融入时代元素，配备现代化的生活设施，以保护传统景观文化。日本乡村通过成立由村民、教育委员会、建筑师、文物保护专家等组成的原生态建筑修复委员会，加大对传统遗产历史建筑的保护力度。为保护独有的自然环境与开发景观资源，村民还自发成立"集落自然保护协会"，制定《住民宪法》，规定村庄"建筑、土地、耕地、山林、树木"不许贩卖、不许出租、不许毁坏。建筑在农村景观中起着重要作用，协会通过制定《景观保护基准》，针对景观开发中的改造建筑、新增建筑和设施的建筑效果图和工程图材料、色彩、外形和高度等都做了具体规定。

（2）注重生态旅游、传统农业、民宿产业协同发展

日本的乡村景观保护政策既确保了文化的传承，也为旅游业的发展注入了活力，催生了乡村旅游的持续发展，促进了城乡的交流与共同繁荣。日本的乡村景观规划十分注重游客的参与性，乡村民宿产业的兴旺是日本乡村景观建设特点的充分体现。富有田园气息的民宿为游客提供当地新鲜食材烹饪而成的餐食，使得游客对当地乡村文化和自然景观的了解更为深刻。图 6-6 为日本乡村生态旅游景区的乡村景观与民宿。

图 6-6　日本乡村景观与民宿（图片来源：邓玉莹）

为提高整体经济效益，乡村旅游产业制定实施推动农副产品发展政策，涵盖了各类农作物种植和家禽养殖等。这些农业生产项目均在旅游区中，既是农耕农事活动地又是旅游观光点。推进当地农副产品及加工的健康食品与旅游直接挂钩，引导游客品尝新鲜农产品，进而购买有机农产品。因地制宜，就地消化农产品的销售方法，减少了运输及人力成本，使当地农民和游客双双受益。

例如位于日本群马县最北部的日本水上町，共有四个村落。当地人以务农为主，主要种植稻，养蚕，栽培苹果、香菇等经济作物。其农业为最主要的传统产业，但地势不适合开展集约型农业，因此将当地观光资源最大化，将农业与旅游休闲融为一体，把整个区域定位成公

园。水上町走的是观光型农业之路，被称为“工匠之乡”，其旅游概念是吸引手工艺者的入驻，打造“一村一品”的特色旅游产业发展模式。开设了护套雕刻彩绘、草编、木织、陶艺等传统手工作坊，同时将手工作品元素与自然景观融合，形成独具古镇特色的全新景观，不但保护了自然风貌，更是融入了特色风光。水上町还建立了农村改善中心、农林渔业体验实习馆、农产品加工所、畜产业综合设施、两个村营温泉中心等，更加完善了乡村景观。其在设计时集合地方文化打造与弘扬，提高游客的参与性，以传统手工艺为特色卖点，进行了农村产业化发展和整体营销，对手工艺产品进行教学活动，为游客提供了动手体验，发展以体验为特色的旅游模式。

（3）注重营造生态景观，弘扬传统民俗文化

为利用乡村景观发展乡村旅游项目，日本从传统文化中寻找具有本地乡土特色的内容。例如日本岐阜县白川乡合掌村生态建筑具有数百年历史，是日本著名乡村旅游观光胜地，被称为“日本传统风味十足的美丽乡村”。该村充分挖掘以祈求神祇保护、道路安全为题材的传统节日——“浊酒节”吸引游客观赏，村民们还组织富有当地传统特色的民歌歌谣表演。同时，将传统手工插秧作为游客可以参与体验的项目进行开发。有效利用搬迁后空闲房屋实施“合掌民家园”项目，使之成为展现当地古老农业生产和生活用具的民俗博物馆。

（4）注重引入企业，联合建立自然环境保护基地

日本政府通过联合著名企业在乡村建造自然环境保护基地，面向全社会，尤其是中小学生组织开展以自然环境保护为主题的教育活动，充分感受美丽乡村的自然景观，从而提升现代人的环保意识。例如日本丰田汽车制造公司在合掌村建造了一所大自然学校，提倡用节能减排、资源再利用等各种措施来保护自然环境。

（5）注重调动村民的主观能动性

日本乡村景观保护非常注重发动当地村民的积极性，让村民自愿参加到乡村建设中来。如日本越后妻有地区的大地艺术节，当地通过公众艺术介入的形式，使来自世界各地的艺术家和村民得以联手，共同去挖掘乡村潜在的艺术价值，用艺术展的形式活化原本日渐衰弱的乡村景观，带动了乡村产业发展和经济增长。村民的归属感和自信心有所增强，积极主动性明显提高。

三、相关政策与法规

日本是岛屿国家，资源有限，为了保护现有的自然资源不受破坏，建立了较为完善的法律法规体系。日本涉及农业农村相关法律达130余项，日本政府先后出台了《历史保护区专项法》《景观绿三法》《景观法》《城市绿地保全法》，同时还建立了以保护环境为目的的、对乡村地区农民利益提供直接补偿的制度和相关土地利用制度，重点在于对乡村、山林景观进行保护，维持生态平衡、恢复生态系统、提升产业发展。

四、资金支持

日本大力保护乡村景观，促使乡村旅游产业发展，主要通过农家住宿、体验农活、品味时令美食等，带动日本农村的旅游需求，增加收入和提供就业。据《日本农业新闻》报道，2017年，日本农林水产省拨出50亿日元支持以乡村渔港为依托的乡村旅游农家乐建造项目。该项目为试验区打造具有当地特色的农活体验、森林漫步等旅游方案，为可以接待游客住宿的古风日式民房的改修提供资金补贴，还聘请专家给予商业指导，从软硬件两方面支持农村旅

游业的发展。2020 年,日本已支持 500 多个地区的农家乐建设。

6.2.2 韩国

为缓解城市与乡村的功能矛盾,韩国政府要求通过发展并加强乡村景观的规划建设来改变各个村镇所面临的问题。政府通过相关政策刺激乡村居民大力发展、保护、弘扬现有的乡村景观资源。在乡村景观建设上,通过政府的大力支持和公众的积极参与,韩国的乡村景观建设得以快速发展并形成了独特的风格,为发展第三产业打好了坚实的基础。

一、发展历程

在 20 世纪 60 年代,韩国农村基础设施匮乏,乡村生活艰苦,城乡收入差距逐渐扩大,农村问题突出。1970 年,韩国政府推动了"新村运动",此次运动涉及乡村社会、经济、文化的各个方面,对乡村的生产生活条件进行改善,缩小了城乡之间的差距。这一变革后,韩国乡村经济及村民生活水平得到极大提高,但由于大规模开发及建设,一些乡村固有的传统特性、历史人文景观、自然生态景观等都遭到不同程度的破坏,韩国专家学者逐渐意识到乡村景观生态的价值。随即,政府颁布了《自然环境保护法》《建筑法》《自然公园法》《景观基本法》《国土环境管理综合规划》《农村景观规划树立基准》等一系列法律法规,对于乡村景观建设具有重要作用。2000 年以后,随着乡村规划的政策方向从重视以增加经济价值为目的的农业生产性转变为重视和谐性和可持续性发展,韩国对乡村生产和生活环境改善的关注度显著提高。2005 年,韩国开始实行景观保全直补制,针对农村特色景观的形成及保护给予直接补贴,保护乡村特色景观,种植地域特色景观作物,突出发展民族特色,这项制度在乡村景观的建设上取得了可观的成效,且多年来一直在进行扩大发展。在韩国能看到大片的梯田景观和稻田风光,以及分布在丘陵和平原之间的传统乡村聚落,人工与自然相结合的优美景色对推动韩国乡村旅游有着重要贡献。

2007 年 11 月,韩国开始实行《景观基本法》,《景观基本法》包括总则、景观规划、景观事业、景观协定和景观委员会等内容。法规对于规划的主体、民意的征得、规划管理都有具体的要求。同年,《乡村景观规划标准》更加明确了构成要素景观规划、设施物景观规划和色彩规划三个方面的内容,细分了资源类型。同年 12 月韩国颁布《景观法实行令》,之后又公布了《景观规划树立指南》,指南中提到景观规划的范围和对象。景观规划作为综合性的规划,空间范围包括城市、农山渔村、自然空间等国土空间的全部。景观规划的对象包括城市街道景观、农山渔村等地区的生活景观、历史文化景观及自然景观。

二、治理模式与特点

(1)"政府导控+村民自治"管理模式

韩国早期主要由政府主导进行乡村景观管理,在"新村运动"后期,主要依靠地方自治与村民自发参与的方式。韩国建立的物质与精神"奖勤罚懒"双重激励机制不仅保持了管理规划的统一协调性,也极大地激发了村民的创造力与自主积极性。亚洲各国的管理模式极为相似,比较典型的是日韩两国,均由政府发起,并在借鉴专家意见基础上形成官民结合的全民性农村管理发展运动。这种"政府导控+村民自治"相结合的乡村景观管理模式,是目前最为有效的管理模式。

(2)"文化创意+农业融合"发展模式

乡村的发展除了需要因地制宜充分利用地区地理优势以及文化优势之外,还可借助于景观设计创造出新的方向。发展具有当地特色的乡村,其特色或是"乡土气"的,或是时尚前卫的,景观艺术的无界性让村庄的发展拥有更多可能。韩国将"周末农场"和"观光农园"作为休闲乡村旅游业的主要形式,具有政策支持与资金扶持的双重基础。在规划时注重对优势资源的利用及整合,海滩、山泉、农田、农产品、民俗等都可以成为乡村旅游的主题,重视对创意项目的开发,深度挖掘并利用乡村的传统文化和民俗历史,使其作为商业亮点,严格把控乡村旅游管理过程中的各项环节,以利用乡村景观发展乡村旅游业。

例如,位于韩国江原道平昌郡蓬坪面的孝石文化村,将文化景观资源与农业景观资源充分融合,使得村子的农业文明得以延续。荞麦是当地主要的农作物, 2005 年,韩国将孝石文化村列为景观保护直补制度示范村,在孝石文化村种植约为 284 038 m^2 的荞麦,形成大面积的农业景观,最大限度保留当地原有肌理以及耕地面积,并依托文学背景和地理特点,以荞麦为依托,开发了许多相关旅游产品和活动。例如孝石文化节以《荞麦花开时》小说为背景开展美食、爱情、摄影等主题的乡村观光旅游,体验和欣赏乡村景观风貌。

不同国家在乡村景观规划、建设与保护理论上和实践上均存在一定差异,通过对荷兰、德国、日本、韩国等国家的乡村治理分析得出,各国治理理念、地理位置、文化背景等都存在较大差异,但乡村景观保护都离不开国家政策的支持和社会组织、企业、村民的共同参与,多元主体的良性互动作用是乡村景观保护得以成功实施的坚实保障。

第七章　乡村环境综合治理

目前，欧美发达国家城镇化水平均达到了70%以上，农业人口比例很低，通常低于总人口的5%，且民众环境保护意识强。在乡村环境综合治理方面，多数发达国家建立了以政府为主导的农村环保投入机制，成立了具有综合决策和协调能力的环境管理机构，制定了比较完善的补贴、税费等环境经济政策，同时配合治理技术、法规标准、监管执法、教育培训等措施，形成完善的农村环境综合治理体系，保障农村环境的有效治理。

7.1　北美国家——美国

美国是世界上城市化水平最高的国家。美国有1/5的人口生活在乡村，而乡村面积大约占美国国土面积的95%。美国乡村规划遵循"以人为本"的理念，城乡一体化已经基本形成，能够带动乡村的发展。美国乡村环境综合治理水平较高，乡村建筑风貌保存良好，乡村分散式污水处理系统基础设施完善，农村生活垃圾坚持源头减量，鼓励资源化利用，市场化管理模式运行成熟，村民环保意识较强。近年来，在美国较为成熟的管理体制和规章制度下，政府在追求经济目标的同时，更加重视乡村生态、文化、生活的多元化发展，乡村环境综合治理取得了良好的治理成效。

一、发展历程

美国乡村环境发展的历程就是美国农村人居环境整治的历程，总体可分为以下三个阶段。

第一阶段：土地整理阶段（建国至19世纪末）。从17世纪初欧洲人开疆拓土，以土地整理为代表大力推动了乡村地区快速发展，同时贸易和沿海城市的兴起推动了乡村的发展与繁荣。但在此阶段，美国总体仍处在农业社会中，农村产业发展落后，社会经济发展缓慢，人居环境基础设施落后，乡村生活一直没有多大的改善。到19世纪末，随着工厂与资源向城市汇集，城市社会日趋繁荣，而大量的农场与农舍被放弃，许多小镇空空荡荡，许多村庄荒无人烟，乡村衰败之景触目惊心。

第二阶段：小城镇建设阶段（20世纪初—1960年）。20世纪初美国城市化率达到了50%，完成了由农业社会向工业社会的转型。但随着工业化与城市化的兴起，乡村资源及人口不断地向城市流动，美国历经了农业大萧条时期，同时美国城市中心过度拥挤。为缓解城市化资源匮乏和农业农村发展滞后的问题，政府制定并推行了多项小城镇建设政策，涉及道路、水电、通信、房屋等多种基础设施建设，鼓励中产阶级向城市郊区迁移，加上汽车等交通工具的普及，进一步助推了小城镇的成长和发展，带动了城市近郊区乡村产业及人居环境基础设施快速发展。

第三阶段：城乡共生阶段（1960年至今）。为继续推动对大城市的人口分流、推进中小城镇的发展，20世纪60年代以后，美国大力推行"示范城市"试验计划，同时结合区位优势和地区特色，特别注重打造富有个性化功能的小城镇建设，拓宽小城镇周边乡村生活环境和休闲旅游。在小城镇建设引领下，目前美国农业社会城乡地区发展较为均衡。

美国的环境综合治理是随其政治环境、经济发展变化而变化的。美国环境综合治理变化主要集中在 20 世纪 70 至 90 年代。美国 70 年代的环境综合治理模式，主要以行政主导，呈现“命令—控制”模式；美国 80 年代的环境综合治理呈现宽松型的治理模式，该时期被认为是美国环境综合治理倒退的关键时期；美国 90 年代的环境综合治理主要采取折中环保政策，既反对政府对市场的自由放任、又反对政府对市场的过度干预，体现了该时期行政主导的特点。

美国将行政和法制作为促进环境综合治理的主导手段，为了环境综合治理制定了较多的环境保护法律条文。社会组织、公众是美国环境保护立法的另一支重要推动力量。可以说，环保非政府组织的出现以及公众聚集形成的环保运动的兴起是美国主动推动环境保护的关键所在。美国作为推崇市场机制的资本主义国家，市场也是作为环境综合治理的辅助手段，从 80 年代开始探索，直至 90 年代开始施行，至今实践了相当长的时间，目前已取得了较好的运营效果。

二、治理基本构架

美国由于土地过度开发，水土流失，农村生活环境形势日益严峻，空气污染严重，每年有数百万吨有毒有害污染物排放，严重威胁了公众的健康和安全。为了改善农村生活环境，美国政府开始采取一系列措施进行农村污染的治理。其对于农村生活环境治理的基本架构如图 7-1 所示。

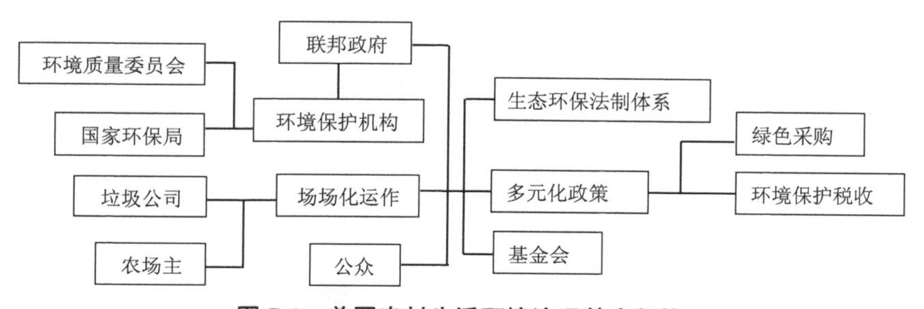

图 7-1　美国农村生活环境治理基本架构

三、治理措施

在农村环境综合治理方面，主要从以下几个方面入手。

（1）*法律约束，政府监督*

美国农村环境保护走的是法律先行的道路，通过完备的法律体系规范和约束污染源。1972 年，美国政府颁布《清洁水法案》；1987 年，提出了对点、面源污染统一管理的行动计划。其后出台了涉及农业污染治理的《安全饮用水法案》和《联邦农药、杀真菌剂和杀鼠剂法案》，还有《农药登记和分类程序》《农药登记标准》《农药和农药器具标志条例》《农产品农药残留量条例》等规范农业投入品管理和使用的具体办法。美国政府对公众参与也进行了明确的规定，1979 年，美国环境保护署根据《清洁水法案》《资源保护与恢复法》以及《安全饮用水法案》就公众参与情况提出了最低的要求和建议。2003 年，环境保护署制定了专门的《公众参与政策》,明确了公众参与的基本步骤,并不断寻找扩大公众参与的新方法。此外,美国州农业厅每年均会对各处农药的使用情况进行监督,检查结果直接对联邦农业部、州政府报告,以此来获得政府的支持。美国联邦政府设有环境质量委员会和国家环保局两个环境保护机构。环境质量委员会负责监督、协调各行政部门有关环境方面的活动,提供环境政策方面的咨询;美国国家环保局执行各项环境法案,负责环境管理与保护。

(2)项目带动农村环境治理

针对农村环境保护问题,美国综合运用技术、经济等手段,开展了一系列农业环境保护项目,通过项目带动,对农村环境问题进行资金补贴、技术支持和规范化生产等,见表7-1。美国政府在项目运作中还引入了市场机制,鼓励农场主参与农业环境保护项目,如:垃圾公司与联邦政府签订协议,按一定费用标准到村民家收取垃圾,通过招标获得垃圾处理厂的运营权。从生活环境与经济关系的角度来看,引入市场机制,在农村生活环境污染治理的同时,也推动了企业的创新,加快了经济发展,使空气污染治理与经济发展形成相互促进的关系。

表7-1 美国农业资源和环境保护项目

项目名称	对象	激励手段	目的
退耕还草还林项目	高度侵蚀的耕地	补偿土地收入,分担种树种草成本,技术支持	改善生态环境
湿地恢复项目	具有退化特征的土地	购买开发权,分担成本,提供技术支持	恢复湿地生态条件
环境保护激励项目	种养业生产用地	成本分担和激励性补贴	环境质量达标
环境保护强化项目	私有耕地、草地等	成本分担、收入补贴、激励性补贴	保护自然资源和环境
农业水质强化项目	种养业生产用地	分担成本、激励性补贴和贷款	保护水源,改善水质
野生动物栖息地保护项目	私有农牧业用地、私有非工业用地	分担成本	控制外来物种,重建当地植被
农场和牧场保护项目	准备出售的耕地、草地和林地	为地方政府组织购买土地开发权提供配套资金	保护农业用地及生态环境价值
草场保护项目	私有草场	购买开垦开发权,分担草地恢复成本	改善草场的生态价值

(3)加强公众教育及公众参与

美国的环境教育开展较早,形成了完备的体系,并以立法的形式加以推广。该环境教育体系完整、经费来源多样、制度规范。在农村的环境教育主要通过以下途径实现:一是通过非营利性组织将农场主集合在一起,评选出一批环境教育示范地农场,组织农场主们定期参观、交流经验;二是开放环境教育场所,组织学校或公众参观,收取参观费。

7.2 西欧国家——德国

德国是一个追求可持续发展,注重文化传承和自然环境保护的国家,其乡村环境舒适有序,拥有着现代城市无法比拟的独特魅力。德国政府之所以把乡村环境综合治理放在促进乡村发展的重要位置，是由于乡村是食品生产地，是饮用水的源头，是人们的主要休闲地，是野生动植物的家园，是气候变化的主要受害者，是可再生资源和能源制造者，是自然、文化和生物多样性保护的主战场。乡村环境综合治理，目的是创造乡村美丽宜居的生活环境，保持乡村地区的吸引力，促进乡村可持续发展。

一、发展历程

德国乡村环境治理经历了三个发展阶段。

第一阶段（1961—1997年）：乡村美化和基础设施改善阶段。20世纪70年代，乡村地区的逆城市化在一定程度上破坏了村庄传统的聚落形态和自然风貌，许多村庄面临艰巨的挑战，为了挽救逐渐衰落的乡村地区，一些地方政府开始对农村地区的社会政治和结构进行调整，有关农村发展的法律更加多样化，一些乡村发展项目还被作为未来投资的一部分。同时，在欧洲文化遗产保护运动的影响下，村庄也开始重视对农村传统风貌的保护。

第二阶段（1998—2006年）：乡村可持续发展阶段。在里约热内卢联合国环境发展大会（1992年召开）和农村结构改革加速的背景下，从单纯的环境视觉美化和基础设施改善方面转移到村庄的可持续发展上来。

第三阶段（2007年至今）：乡村综合治理阶段。从区域建设和乡村综合治理的角度更全面地考虑乡村发展，农村地区的文化传统、景观特色、生态保护、社会活力等方面的价值等被提到和经济发展同等重要的高度上来。

二、治理措施

（1）坚持可持续发展，科学合理规划乡村建设

德国通过调整乡村产业结构，制定和落实关于村庄和区域发展的规划，以挖掘经济发展潜力，确保村民的就业，改善农村的生活质量，提高村庄的吸引力带动乡村全面发展。德国大多数乡村采取集约型的乡村规划建设模式，避免建设区域的无限扩张占用更多自然空间。村庄通过改变土地的用地性质，合理利用村中空置场地及复兴古建筑来代替划定新的建设区域，以保持舒适的分布状态。同时在开发建设时注重保留地方特色，对建筑、道路和广场空间关系进行调整，并对古建筑加以修缮保护。在乡村基础设施建设方面，通过配套村内学校、医院、图书馆、公交系统、移动通信、宽带业务、能源供应、无障碍设施等方式实现基础设施全覆盖，保障村民的日常生活。

（2）注重公众参与，坚持"自下而上"的治理模式

政府、市场、民间组织、村民等多方共同完成乡村环境治理工作，村民是乡村环境治理的主体，民间社会团体是乡村环境建设的主导力量。村民们自发组织举办各种形式的社会和文化活动加强社会生活，丰富的社会文化活动有助于增强村民的凝聚力和社会责任感。通过村民积极参与乡村环境保护活动能够提升公众的环境保护意识，促使村民自觉维护乡村更新成果。

（3）重视合作，乡村环境治理综合性强

合作的观念贯穿了德国乡村环境治理的全过程，包括民间团体之间的合作，地方政府、企业、专业机构与村民的合作，地方与区域之间的合作。合作理念与跨学科评估使乡村环境治理的力量变得更加壮大，对村庄的引导更加科学合理。在多方合作的基础上，德国乡村环境治理制定了明确的乡村发展目标，将村庄的发展目标与居民的需求统一起来，充分了解现

状问题，统筹利用各种资源，在经济可持续发展、基础设施建设、乡村传统风貌保护和生态环境治理等方面综合考量，实现乡村环境综合治理。

（4）坚持绿色发展，注重乡村景观与生态保护

在乡村景观与生态保护方面，德国坚持绿色发展理念，根据历史和景观条件，保护和延续各个乡村的特色风貌，保护值得保留的历史建筑物，加强村民对于文化景观和生态环境的保护意识，保护村庄自然生态，促进乡村的绿色发展。例如，德国格罗斯巴多夫村庄，风景优美、历史悠久，面积约有 1 654 公顷。在政府、企业和村民的共同努力下，目前，该村庄绿色遗产已经成为整个城镇景观的重要组成部分，乡村自然景观对于提高村庄的生活质量发挥着重要作用。村庄非常注重对农业生态环境的保护，利用有机耕种方式将农田、果园等农业景观规划管理，形成了独特的农业景观布局，并由景观保护协会专人负责管理。此外，村庄通过在郊区修建自行车道和远足路径、开辟游憩休闲场地，给予居民近距离欣赏自然田园风光的机会，保证了村庄的可持续发展，创造了良好的生活环境。

（5）先进的科学技术是乡村环境治理的关键

德国乡村环境污染治理工作能够取得较好成绩，离不开其先进的科学技术支持。在化学品使用方面，德国政府重视利用科技手段减少化学品对环境的污染，如，氮素化肥和农药不允许利用在生态农业上的。在生活污水处理方面，德国农村生活用水排污系统主要形式是分流式，是利用科技治理环境问题的典范。分流式处理是将工业废水、生活污水、雨水等水管产生的污水分别处理，这种模式主要用于偏远的农村。这些地区没有连入城市的排水大网，因此分开收集污水，通过再用膜生物反应器对污水进行处理。在净化污水的同时会产生氮气，再对氮气进行收集与再利用。这样利用科学技术的力量使污水净化成可利用水和氮气，是德国农村环境污染治理的特殊技术模式。在生活垃圾处理方面，德国政府把农村生活垃圾处理工作委托给专业企业进行管理。这些企业是专门处理与回收垃圾的机构，拥有较高的科学技术与管理体制对其进行支持。

（6）严格的法律约束是乡村环境治理的保障

德国在乡村环境治理方面建立了严谨科学的法律法规体系，并综合各方面因素采取规划、实施、监督等具体措施。例如，德国作为欧盟垃圾回收率最高的国家，其回收率达 46%，主要原因在于德国有详细完善的垃圾分类系统和严格的法律体系。在生活垃圾处理方面，德国相继颁布实施了包括《垃圾处理办法》在内的环境保护法律法规，制定了完善的生活垃圾收集和处理办法。居民须按标准及要求把自身生活垃圾放至指定收集地点，由“环境保护协会”的成员或社区志愿者负责不定期抽查，对于未按规定要求处理生活垃圾的居民进行罚款，从而保障治理效果。

7.3 东亚国家——日本

与很多发达国家相似，日本也曾因传统经济发展模式导致了生态环境的破坏，使乡村地区遭到了严重的环境污染。面对严峻的乡村环境污染所引发的农民生活品质、耕地利用效率下降等问题，日本通过制定完善的农村环境保护法律体系、不断改进环境治理技术及标准等措施的探索与实践，使日本农村发展成为农民宜居、农业可持续发展的理想之地。日本乡

村环境通过长期的综合整治，已取得阶段性成效，有力地促进了农业农村发展，农业现代化水平不断提升，农业生产条件得到持续改善。

一、发展历程

20 世纪 50 年代开始，日本经济开始高速增长，但是由于片面追求工业发展，造成城乡发展脱节，城乡收入差距拉大，传统村落社会崩溃，乡村人口减少。日本农村经历了工业源污染排放、化肥农药过量施用、畜禽养殖污染等问题。随着乡村发展问题逐渐受到重视，日本启动了乡村建设运动，重点从城乡融合发展、环境友好型农业发展、乡村环境改善等方面支持乡村发展，重点开展了乡村基础设施建设和垃圾污水等污染治理，以及乡村景观保护和开发，提升了乡村人居环境质量。日本政府于 20 世纪 50 年代开始，先后开展过三次规模较大的新农村建设，总体来看，日本的农村人居环境整治主要分为以下三个阶段。

第一阶段：以基础设施建设为主的第一次乡村建设阶段（1956—1966 年）。20 世纪 50 年代中期，日本进入经济高速增长期，伴随着快速工业化、城市化发展，城乡居民收入差距扩大、农业人口向非农产业转移、乡村生态环境破坏严重、城乡矛盾日益加剧。为了解决农业产业发展落后和农村环境污染问题，日本政府通过推动农户经营联合、建立乡村振兴协议会并制定相关规划等具体措施，加大对乡村发展的扶持力度，设立专门的银行提供农业贷款，提高对各村的农业补贴水平和基础设施建设水平。这一时期的乡村建设，主要推动了农业产业的发展、改善了农村道路、饮用水等基础设施，极大改善了农民的生活条件。

第二阶段：以农村污染治理为主的第二次乡村建设阶段（1967—1979 年）。20 世纪 60 年代以后，日本政府通过多项措施极大地加快了乡村产业发展，农民收入不断提高。为了加快农村现代化进程、缩小城乡差距，日本政府全力推行综合农业发展与乡村环境污染治理等一系列政策措施，综合提升乡村的生态、景观和文化建设。农村生活污水、垃圾分类回收处理、村容村貌改善都取得了明显成效。这一时期日本乡村建设不仅提高了农民的收入水平，而且显著改善了农村人居环境，涌入城市的人口大幅减少。

第三阶段：以乡村全面振兴为主的第三次乡村建设阶段（1979 年至今）。20 世纪 70 年代末，日本大力实施“造村运动”，通过振兴乡村产业加快农村经济发展。日本各地采取了不同措施夯实农业基础，并整合本地自然环境、历史遗产、文化遗存、特色饮食和风土人情资源，灵活开展旅游事业；同时加强与医疗、福利、教育等非农事业的合作，在“农”以外发挥作用的农业组织和企业在增加。1985 年，日本乡村区域的第三产业和第二产业的从业人数分别达到了 43.5%和 33.6%，均高于第一产业，体现出较高的产业融合发展水平。这一阶段日本的乡村发生了巨大变化，城乡差距大幅缩小，大量非农产业进入农村，农民收入大幅提高，基本实现了安居乐业，农村人居环境优美整洁。

20 世纪 70 年代以后，随着国民环境意识的增强以及由近代集约型农业生产方式带来的环境污染和农产品安全问题的逐渐显现，日本政府开始倡导发展循环型农业，发挥农业所具有的物质循环功能。1992 年，农林水产省首次正式提出“环境保全型农业”的概念。环境保全型农业兼顾农业生产率的提高和减少化肥、农药等农业化学品对环境的负荷，因此也被称为“可持续性农业”。

日本的环境综合治理并不是随着经济的发展自然转变的，日本的环境保护制度很大程度上是由于日本公众的主动参与和作为形成的，即通过当地居民的舆论和运动提议的。为了防止当地出现严重的公害和环境问题，日本公众纷纷自发组织起来，通过舆论、宣传、自由运动等方式来向外揭露、举报问题，促使政府采取环境保护的有效措施。广大日本公众的积极参与形成了现今的日本治理格局。日本通过建立良好的社会治理环境成功建立了日本特有的环境综合治理模式，即地方自治、民众参与及司法独立相结合的环境综合治理新模式。日本通过中央政府、地方自治体、企业、市民等利益相关方的博弈，形成在市民环保运动的推动下，建立“革新自治体”、进行公害诉讼等方式，促使国会立法保护环境。

1960 年起，日本政府在历经“四大公害”诉讼后，制定出台了世界首部《公害健康损害补偿法》。1970 年，日本召开了公害国会，制定出台了 14 部环境污染防治相关法律。此后，为了实现人与环境的和谐，提高人们生活的品质，日本政府也非常重视乡村环境综合治理，并为此制定了一系列法律法规以保障环保措施的高效运行。1998 年制定了关于促进优良田园住宅建设的相关法律，2004 年实施了《景观法》及《市街村合并特例法》，2008 年制定了《生物多样性基本法》。2000 年至 2015 年，每隔 5 年农林水产省都分别制定了详细的农村振兴规划，尤其在 2013 年 12 月，形成了《农林水产业及地域活力创造方案》。

二、治理措施

日本农村的环境综合整治主要是从以下几个方面进行的。

（1）健全的法律约束系统。日本在农村环境保护相关法律政策制定过程中，既注重每一部法律的特点和针对性，也注重法律之间的配套性、系统性和可操作性，为农村环境保护提供了系统的法律支撑。在控制农业污染方面，日本于 1999 年制定了《粮食·农业·农村基本法》，与之相配套制定了《关于促进高持续农业生产方式的法律》，2000 年和 2001 年又分别配套制定了《食品废弃物循环利用法》《堆肥品质法》，从农业污染防治总法到单项法，从农业生产投入到食品加工、肥料质量控制，各个环节法律法规相互配套，形成体系。在控制农村生活污水污染方面，制定了《建筑基准法》《净化槽法》《清扫法》《废弃物处理法》，针对净化槽的设计、建设、安装、运行维护、停运等各个环节均提出明确要求，形成完善的管理体系。

（2）农村环境整治规划先行。日本政府在农村环境改善过程中，非常重视规划工作，特别是综合性国土规划。前后在国内进行 4 次国土规划，根据规划引导资金在农村小城镇投放，扶持农业，促进当地发展。例如，“一村一品”行动，在带动农村经济发展的同时，也改善了自身居住环境。日本还积极研究和推广先进的农业生产技术，如积极发展生物工程技术、不断通过生物技术改良农作物品种，降低化肥、农药在农田的使用。

为了指导农村污水处理工作的开展，1995 年日本农林水产省、国土交通厅、环境省要求各地制定包含污水处理在内的都道府县构想，推动地方政府有计划地开展污水处理设施（包括下水道、村落排水设施和净化槽）建设，加强对已建成设施的长期且高效的运营管理。这一做法避免了污水处理项目的重复建设和少建、漏建问题，确保了污染治理工作有序推进。

（3）配套制定完善的技术标准。日本针对相关法律法规配套制定了完善的技术标准，指导环境管理工作有序推进、有效实施。例如，在农村生活污水排放标准方面，结合不同地区实际情况，分类制定了农村地区的污水排放标准，既提高了污水治理工作的效率，也确保了水环境质量达标：对于排放量低于 $50m^3/d$（立方米/天）的污水处理设施，仅检测 BOD（生化需氧量）和 SS（固体悬浮物）两项指标；但对有大量排水流入的封闭性水域，则增加了

COD(化学需氧量)、氮和磷的排放限制。对广泛用于分散式生活污水处理的净化槽设施,日本政府专门制定了“设施标准”,以此确保生活污水经净化槽处理后能够达标排放。

(4)农协力量强大。日本农协的力量非常强大。基层农协、县经济联合会和中央联合会三级农协联合组成了完备服务网络,为农民提供及时、周到、高效的服务。同时也是农村环境改善的重要宣传者和操作者。

(5)发展环境保全型农业。日本在20世纪90年代初制定的《食品、农业、农村政策方向》中首次提出“发展环境保全型农业”概念,并将其作为农业改革新目标。环境保全型农业是指灵活运用农业所具有的物质循环功能,通过精心耕作,合理使用化肥、农药等,发展环境负荷量小的可持续型农业。日本主要是通过“减量化、再生化、有机化”措施来完成环境保全型农业的目标。一是农业化学品减量化,主要是利用已有技术在保证单产、品质不下降的情况下,通过减少农业生产过程中化肥和农药的使用量,减少化学污染物排放量及食品有毒物质残留量;二是资源再生化,主要是对畜禽粪便、作物秸秆等有机资源和废弃物的再生利用,减轻环境负荷,防止土壤、水体、空气等环境污染问题的发生;三是农业生产有机化,即通过采用轮作、土壤改良及降低土壤消耗等技术,利用植物、动物的自然规律进行农业生产,避免使用化学合成农药、化肥、生长调节剂、饲料添加剂等农业化学物质。为确保上述目标的实现,日本政府从法律制度、技术研发、政策扶持等方面措施入手,建立和完善了农业环境政策的推进体系。

基于有机农业的特点,日本开发和推广了许多有机农业的相关技术,见表7-2。

表7-2　环境保全型农业技术体系

类别	技术	内容
土壤改良	有机物质使用技术	畜禽粪便、秸秆等有机物质堆肥后还田,减少污染和化肥使用
	绿肥使用技术	种植绿肥作物,翻耕入土,改善土壤性能
化肥减量	局部施肥技术	侧条施肥、深层施肥等技术,以基肥方式分段或集中施肥
	肥效调节型使用技术	提高肥料制作技术,使肥料中养分缓慢释放,减少浪费
	有机质肥料使用技术	利用油渣等制作肥料替代品,发挥其释放缓慢、养分不易流失的优势
农药减量	机械除草技术	适用农业机械除草,减少除草剂的使用
	多孔地表覆盖栽培技术	播种时将预留孔洞的纸质膜覆盖于农地,减少农药施用
	动物除草技术	利用鸭子、鱼等动物除草,降低除草剂的使用次数和使用量
	物理防治技术	采用防虫网、诱虫灯等技术,减少农药的施用
	对抗性植物使用技术	采用轮作的方式,种植对害虫有抑制作用的植物,减少杀虫剂的施用

(6)制定精准科学的财政补贴机制。日本政府制定了精准科学的财政补贴机制,保障农村环境保护有稳定的资金来源。为推动净化槽的普及,从1987年起,日本相继制定了“净化槽设置整备事业”和“市町村净化槽整备推进事业”制度,推行净化槽补助金制度,明确由国家和地方政府对净化槽的安装和更换给予一定的补贴,通过补贴使得净化槽使用者负担的平均费用基本上不超过公共排水系统使用者每月缴纳的排污费,解决了农村污水治理的“最后一公里”问题,对改善日本农村人居环境发挥了巨大作用。在种植业面源污染防

治方面，日本部分地区采取环境直接补贴精准支持绿色农业。如对从事有机农业生产的农户提供了农业专用资金无息贷款，对堆肥生产设施或有机农产品贮运设施等进行建设资金补贴和税款的返还政策，对采用可持续型农业生产方式的生态农业者给予金融、税收方面的优惠政策等。这些优惠政策鼓励了农业经营者的积极性，对农业环境保护和可持续农业生产起到了推动作用。对“环境友好农产品”每 1.5 亩的补贴标准为：水稻面积在 3 公顷以下补贴 5 000 日元，超过 3 公顷的部分补贴 2 500 日元；设施蔬菜（主要指温室栽培的蔬菜）补贴 3 万日元，露天蔬菜补贴 5 000 日元。至 2014 年底，日本从事环保型农业生产经营的农户达到了 48.9%，有效促进了绿色农业的发展，从源头减少了农田面源污染治理的范围。

日本政府以建立生态农户为载体，从政策、贷款、税收上给予支持，以提高生态农户经济效益和社会地位。专门设计了“生态农户”标志，凡“生态农户”在对外宣传或使用的农产品包装物上均可使用上述标志。生态农户的认定标准为：拥有 0.3 公顷以上耕地、年收入 50 万日元以上的农户，经本人申请，并附环境保全型农业生产实施方案，报农林水产省行政主管部门审查后，再报农林水产省审定，将合格的申请者确定为生态农户，银行对这些农户可提供额度不等的无息贷款，贷款时间最长可达 12 年。在购置农业基本建设设施上，政府或农业协会可提供 50%的资金扶持，第一年在税收上可减免 7%—30%，以后的 2—3 年内还可酌情减免税收。另外，对有一定生产规模和技术水平高、经营效益好的生态农户，政府和有关部门可将其作为农民技术培训基地、有机农产品的示范基地、生态农业观光旅游基地，以提高为社会服务的综合功能。在政府的扶持下，“生态农户”数量迅速由 2000 年的 12 万户增长到 2010 年的 20 万户。

第八章 乡村环境治理运维管理

乡村环境治理的关键在于组织和管理。国外许多国家和地区经过多年来不断的探索与实践,在乡村生活污水处理、生活垃圾处理、厕所改造等具体方面形成了长效的管理机制。本章以美国乡村生活污水治理管护、德国乡村生活垃圾治理管护、英国乡村景观管护、日本乡村环境综合治理管护为例,分析总结国外典型国家的乡村环境治理管护经验,旨在建立健全符合我国国情的乡村人居环境整治长效管护机制,巩固阶段性成果,解决乡村环境治理面临的“重建设,轻管理”、运营管理难度大、处理设备利用率不高、农户配合度不高等问题。

8.1 北美国家——美国

以美国乡村生活污水治理运维管理为例。分散式污水处理系统是美国乡村生活污水处理的主要方式。2002 年以来,美国国家环境保护署发布了一系列分散式污水处理和管理方面的指导性文件,用于加强美国农村地区分散式污水治理。经过多年的实践,已形成了科学有效的长效管理机制,对提升美国农村水环境质量具有重要作用。

一、运维管理实体及特点

美国国家环保署与地方政府以及一些非政府组织紧密合作,以环保署出台的管理指南和应用手册为基础,加强和完善对分散处理系统的管理监督,从公共教育、资金等方面实施多方位管理;此外,根据当地的环境敏感度,以及所用的分散处理系统的复杂性,灵活利用管理模式,达到最好的管理效果。

(1)运维管理实体

分散式污水处理系统管理模式的成功,是基于各个管理实体的管理效果,以及规章法案的制定和执行。因此,在不同的管理领域(水域、地区、州、民族地区等),协调好各个实体之间的关系,对于提高管理能力、保证污水处理系统有效运行、保证人体健康和水源安全相当重要。

美国主要的管理实体类型包括联邦、州、民族地区的行政部门、地方政府办事机构、特别目的区和公共事业实体、私有运营者实体,等等。

联邦、州、民族地区、地方政府在开发和执行分散污水处理系统管理项目上的分工不同,共同职责是颁布执行污水处理系统相关法律法规,提供资金技术支持,监督行政部门和其他管理实体对分散污水处理系统进行管理维护工作。

在联邦政府层面,国家环保署的职责是颁布执行《清洁水法案》《安全饮用水法案》《海岸带修正案》保护水质。在法案的约束下,美国国家环境保护署设立并管理许多与分散型污水处理系统相关的管理项目。

州和民族地区政府则通过各种行政部门管理分散型系统,通常由州或者民族地区的政府办公室负责制定规章,由当地办公室来执行管理。

美国部分州地方政府承担分散型污水处理项目的管理职责,通过不同市、县、区级行政部门执行当地管理计划。在管辖范围内,由接受过培训的全职卫生部门职员或者由当地官员组成的委员会管理分散型污水管理项目。

特别目的区和公共事业单位是提供特别服务或执行立法授权等特殊活动的准政府实体,通常是依据州法律来提供当地政府不愿或者不能提供的服务。特别目的区可以提供单一或者多项服务,例如技术管理、开发、改善当地条件、安装饮用水和污水处理装置。这一实体的服务对象是多样的,包括单一社区、部分社区、社区群、整个县、整个地区。州立法机构明确界定特别目的区的权力、结构、执行范围、服务领域、功能、组织结构、财政权、操作标准。

私有运营者实体是指具有专业资质的私人管理实体,项目主管部门与其签订合同,由私人管理实体完成分散型污水处理系统的位置评估、设计、安装、操作、监控、检测、维护等工作。

(2)运维管理特点

分散式污水处理系统的运行是否成功在很大程度上取决于对污水处理系统的建设、运行、维护是否恰当。美国注重各级政府对分散式污水处理系统运行维护的正确引导,通过建立合理的基础设施建设—运营模式、健全运行维护管理机制,提升从业人员的专业技能、追踪设备全程运维数据、保障运维资金、调动户主的主体能动性等措施,充分发挥各参与主体的重要作用,全方位保障分散式污水处理设施的高效运行。

①加强公私合作,建立基础设施建设—运营模式

美国通常采用公私合作、多方融资、技术转让、技术开发等方式解决农村污水处理设施的建造及运营管理难题。"公私合伙关系"(Public-Private Partnership,简称 PPP)是美国乡村环保基础设施最主要的建设—运营模式,即通过公共部门与私人实体建立合作伙伴关系,为公众提供公共基础设施的设计、建造、运营、维护等服务,以保证公众利益最大化。该模式早在 20 世纪 90 年代便在全美范围内广泛推广应用。美国 EPA 将 PPP 模式分为合同服务、承包工程、开发商融资、私营化、商业设施等 5 类,其中前 3 类在美国乡村分散式污水处理中应用较为广泛,具体特点见表 8-1。

表 8-1 美国不同类型 PPP 模式的具体特点

类型	合同服务	承包工程	开发商融资	私营化	商业设施
提供服务决策	公共	公共	公共	公共	私人
融资	公共	公共	私人	私人	私人
设计	公共	私人	公共或私人	私人	私人
建设	公共	私人	公共或私人	私人	私人
所有权	公共	公共	公共或私人	私人	私人
运营与维护	私人	私人	公共或私人	私人	私人

②注重分类管理,健全运行维护管理机制

健全的运行维护管理机制是美国农村污水治理的核心保障，在美国，EPA 设立分散式污水处理系统相关的项目和计划，州和民族地区政府相关部门负责具体管理工作，地方政府根据当地实际情况制定并负责落实分散污水治理相关参与主体的具体职责。通常，地方政府管理部门与具有资质的民间非营利机构或私人营利实体通过签订协议完成对污水处理系统的规划、评估、技术咨询或培训等工作。为进一步加强对分散式污水处理系统的运维管理，EPA 根据分散污水管理的难易程度，在《分散式污水处理系统管理指南》中提出了 5 种不同形式的运行维护管理模式（见表 8-2）。管理模式的提出，有助于利用合理政策和行政程序来确定统一的立法机构，明确农村分散污水处理系统的所有者，相关服务行业和管理实体的责任，进而保证分散式生活污水处理系统在试用期内得到合理的管理维护。

表 8-2　美国农村分散式污水处理系统运维管理模式

运维管理模式	模式简介
用户自主	对于管理要求较低、操作简便的污水处理系统，用户可根据设备维修及保养说明自主进行运行和维护，保障污水分散处理系统的正常运作
协议维护	对于结构复杂，操作技术要求较高的污水处理系统，用户可与专业维护人员签订技术服务协议，技术人员可定期提供专业维护
运行许可	对于环境敏感的农村区域，管理机构需定期审查用户污水处理系统的运行情况，审查合格后签发有期限的运行许可证，过期后需重新审核合格方可持续运行
机构管理	专业服务机构持有污水处理设施的运行许可证，用户的污水处理设备在进行运行和维护时需聘请有资质的机构和技术人员为其提供服务
机构所有	污水分散系统的所有权由专门机构所有，污水处理系统的建设、运行与维护均由专门机构负责，与集中处理管理模式相类似

③重视技术认证，提升从业人员专业技能

为保证分散式污水处理系统的维护服务质量，美国要求从业人员须具备一定的专业技能，只有通过专业机构的认证，获得相应资格证书才可从事分散式污水处理系统的运维工作。美国通常通过国家环境卫生协会、国家环境金融中心等协会或部门对相关人员提供技术培训和技术指导。

④重视信息溯源，追踪设备全程运维数据

美国非常重视对分散式污水处理系统评估、建造、运行、维修、更换等整个运维周期全过程信息进行追踪管理，以便通过数据分析全面了解分散式污水处理系统的总体运维情况并做出综合判断。专业人员将污水处理设备的使用地点、系统类型、运行许可证等基本信息，以及设备故障原因、维修记录、清洗周期、更换时间等详细的维护信息进行记录，建立互联网数据库，保障设备信息能够追踪溯源。例如，污水信息系统工具（The Wastewater Information System Tool）是美国自主研发的一种利用互联网管理设备运维数据的工具，通过下载和安装工具包，州和地方管理部门可随时随地利用该工具查询污水处理系统相关信息，以便更好地为用户提供维修服务。

⑤保障运维资金，支持基础设施长效运转

美国农村分散式污水处理系统运维资金可通过赠款计划、PPP 合作模式、清洁水州滚动基金、州一般基金和地区银行贷款等方式获得。例如，马萨诸塞州农村分散式污水处理系统运维资金主要来源于向房主提供低息贷款、提供每年 1 500 美元税收抵免、通过项目实施对环境敏感地区提供长期的运维资金支持三种途径。

⑥注重公众教育，增强参与主体运维意识

仅靠政府层面和专业维修人员管理根本无法实现分散式污水处理系统的正常运行和维护，管理人员的有序监管、维修人员的专业维护、用户良好的操作习惯等对延长分散式污水处理系统使用寿命均起着至关重要的作用。美国政府非常注重对公众的宣传教育，旨在提升相关参与主体的责任意识，确保分散式污水处理系统高效运行。例如，USEPA 为家庭用户编制了《化粪池系统用户指导手册》《就地污水处理系统：评估服务合同用户指南》等相关资料，以帮助用户了解化粪池的简单结构、操作规范、维护方法、使用注意事项、故障维修程序等具体内容。此外，2012 年，EPA 发布的《分散污水管理项目案例》是管理人员落实项目实施的重要参考资料，为管理者提供了 14 个典型的项目管理案例，促进了分散式污水处理设施的科学管理。

二、相关政策与法规

美国乡村生活污水治理管护政策的特点在于全美均遵循了一套环境管护制度，且每个州、每个地区针对自身的地理环境条件在上级工程措施的基础上均为当地量身定制了更为详细的措施。在 EPA 的领导下，美国环境管护政策措施呈现出多层次化，整体上以立法为基础，以行政措施为主导，辅之以一定的经济手段。其主要形式包括：行政管理、资源管理、责任赔偿制、污染税制、津贴制等。此外，还包括增加政府对环境保护经费的投入，完善环境法律体系，加强环境管理的研究，执行战略环评制度、污染法律责任保险制度、排污许可证制度、排污权交易制度等。

8.2 西欧国家——德国、英国

8.2.1 以德国乡村生活垃圾治理运维管理为例

德国人口约 8 300 万，每年每人生活垃圾产出约 627.8 kg，远高于欧盟人均水平 481 kg，面对垃圾产量大的压力，德国长期探索并建立了先进的生活垃圾管理体系。

一、发展历程

在过去几十年中，德国的废物管理经历了从废物处理到回收管理，再到循环经济的发展过程。20 世纪前，德国居民普遍把垃圾随意堆放、废物和粪便直接倾倒的现象，造成了严重的环境和健康问题。20 世纪初，人们开始有意识地把生活垃圾有序有效地与居住区分离，1904 年，德国开始实施垃圾分类，但当时垃圾种类比较单一，德国废物管理开始注重垃圾处理技术的研究，不断引入新的处理技术，建立大量垃圾处理工厂以满足垃圾处理的需要。1960 年以来，德国经历了战后经济恢复发展，垃圾产量爆发式增长，垃圾废物来源和种类也相对复杂，因此德国出现了大量分布散乱、管理混乱的小型垃圾场。现代德国废物管理的重点不仅在于减少废物的数量和污染，还要促进循环再利用以达到节约资源的目的。

1965 年，德国政府在柏林成立了“废物处理中央办公室”，开始着手以法律手段解决现代垃圾与废物管理问题,德国联邦、州、地方政府等出台了相应的政策与法律法规,为废物处理的义务和违反相关规定的处罚提供了一定的法律支撑。1972 年,德国以《联邦基本法》第 74 款第 24 条为基本框架,出台了第一部正式的《废弃物管理法》,该法是德国第一部专门针对废物处理的法律,提出关闭不受控制的垃圾场,并建立集中、有序和受控的垃圾填埋场,并规定由市政当局或区县政府各自负责本地的垃圾处理工作。此后,德国各地逐渐建立了管理良好的大型垃圾填埋场,并引入了组织良好的垃圾处理系统,德国科学细致的垃圾分类办法也逐步形成。1976 年,该法进行了第一次修订,规定有害废物必须做相应的处理以达到对环境无害化的目的。1982 年第二修正案放宽了对一般废物运输方面的限制,同时增加了对环境无害的污水和污泥的管理办法。1985 年第三修正案对控制废物、废物的跨境运输、废物的出口和转运等做出了详细的规定。1986 年第四版修正案中规定了加强废弃物循环再利用的措施,使德国实现了从废弃物处理到废弃物管理的转变。1996 年出台的《废弃物避免和管理法》强调要避免废弃物的产生,鼓励废弃物循环再利用,要求生产商对其产品的全生命周期负责,建议生产者优先考虑使用环保材料进行产品生产、包装以及回收,并实行“污染者付费”的原则,以减少使用过多的原材料,促进生产技术的革新,自此,德国的废物管理经历了从废物处理发展为循环经济的过程。20 世纪 90 年代开始,德国颁布了一系列专项法律来补充废弃物的有效管理,例如 1991 年颁布了包装条例,并在 2019 年升级为包装法,规定了制造者的法律责任,以减少或者避免产品包装对环境造成的负面影响;2002 年出台了报废汽车处理条例和营业性商业废物处理条例;2005 年出台的电器法,以及 2009 年出台的电池法,对废旧电器和废旧电池的处理也做出了相关规定。法律的出台和实施保证了德国的循环经济向着健康的方向发展,使德国垃圾治理的理念逐渐从末端治理向前端治理转变。

二、治理措施

乡村生活垃圾治理是一套政策、法律、市场以及公众参与等全要素配置高度融合的生活垃圾管理体系。德国垃圾管理和循环经济主要通过政策、法律措施、经济手段以及全体公民的参与等要素的紧密配合实现。德国有关生活垃圾处理的行政管理组织机构分为 5 级:联邦、州、地区、市以及社区。其中联邦负责法律颁布,州负责法律规定实施,地区负责垃圾处理项目审批,市负责垃圾收集、运输、处理及处置的全过程,社区是垃圾收集的基本单元。政府、企业、居民等各参与主体职责清晰、分工明确,有效促进了乡村生活垃圾治理的高效实施和循环经济产业的快速发展。

(1)财政补贴是促进市场化治理的有效手段

垃圾分类回收是一项社会效益明显、经济投资大、回报周期长的低收益行业,为鼓励更多企业进入垃圾回收处理行业,德国政府设立了多种优惠政策,其中包括发放补贴金、提供低息贷款、减免各种税负,等等,通过财政补贴的方式,促进垃圾回收处理行业的良性发展。目前,德国乡村生活垃圾治理主要由政府和私营企业合作完成,形成了以私营企业为主导的生活垃圾管理模式,市场化治理在垃圾分类和资源回收利用中发挥了巨大作用,极大促进了德国循环经济产业的发展。

(2)分类回收是促进生活垃圾治理的有效途径

分类回收是实现源头减量化的有效方式,德国针对不同类别的生活垃圾设置了不同的责任主体。不同城市对于垃圾分类的方法存在细微差别，主要体现在价值低、回收成本高的垃圾上，而对于金属、玻璃、塑料以及生物垃圾等的分类基本相同。以德国莱比锡市为例，该市的生物垃圾、有害垃圾、大件垃圾、其他垃圾等由环卫部门负责回收，废旧纸张、金属及塑料、玻璃瓶等垃圾由私人企业负责回收，其余垃圾市民可自行送到指定的回收点，或者有偿委托环卫局进行回收。具体回收类别、回收方式和频率见表 8-3。对于回收利用价值较高的家用电器，德国建立了“双向回收系统”。“双向”一方面是指由制造商、包装商、分销商和垃圾回收部门多方投资，成立专业回收中介公司，建立起统一的回收系统；另一方面，公司组织垃圾收运者集中回收消费者废弃的电器和包装，分类送到相应的资源再利用厂家进行循环使用，能直接回收的则送返制造商。例如消费者购买了新的家用电器，可选择让卖方把旧电器带走处理，给消费者带来了实惠和方便。

表 8-3 莱比锡市生活垃圾分类回收方式

类别	回收方式及频率	备注
生物垃圾	由该市环卫局上门回收，每 2 周回收 1 次	茶色回收桶
其他垃圾	由该市环卫局上门回收，每 2 周回收 1 次	黑色回收桶
废旧纸张	由 ALL 公司上门回收，每 2 周回收 1 次	蓝色回收桶
金属及塑料	由 ALL 公司上门回收，每 2 周回收 1 次	黄色回收桶（袋）
玻璃瓶	由 AIL 公司上门回收，每 2 周回收 1 次	市内设有约 460 处回收点
有害垃圾	居民自行送到有害垃圾回收车上或有害垃圾回收中心	—
大件垃圾	居民自行送到资源回收中心或有偿委托环卫局回收	能继续使用的推荐通过二手物品网站转让
废旧电器	居民自行送到资源回收中心或有偿委托环卫局回收	—
废旧衣物	投放到橙色回收箱或送到慈善团体商店或使用二手物品转让网站	市内设有约 200 处橙色回收箱

（3）付费回收是实施生活垃圾治理的经济手段

德国政府采取相应的经济手段鼓励垃圾分类和回收。在德国，居民的生活垃圾处理费与垃圾产量、垃圾类别、垃圾回收方式等因素相关，不同地区垃圾付费构成方式也有差异。例如，德国莱比锡市的垃圾处理费主要由三部分构成，即其他垃圾基础费、其他垃圾回收费和生物垃圾回收费，其他垃圾基础费根据垃圾桶的容量大小有所不同，60 升垃圾桶的基础费为 3.31 欧元/次·桶，容量越大基础费越高，具体收费标准见表 8-4。德国垃圾回收处理公司对于有回收价值的垃圾，比如纸张、玻璃、塑料、金属包装等类别的生活垃圾，居民不需缴纳垃圾处理费。对于回收价值较低且处理成本较高的生活垃圾，居民需要缴纳一定的处理费用，居民通常可自行运输到垃圾处理公司，也可付费由垃圾处理公司上门回收，两者费用不同，前者回收方式费用相对较低。德国政府每年会面向居民免费提供 1—2 次机会支持垃圾回收处理，政府也会补贴垃圾处理公司相应的费用。

表 8-4　莱比锡市其他垃圾基础费及回收费标准

垃圾桶容量/L	基础费/欧元·(次·桶)$^{-1}$	回收费/欧元·(次·桶)$^{-1}$		
		普通回收	高频率定期回收	特殊回收
60	3.31	3.76	5.44	8.63
80	4.11	4.79	6.46	9.66
120	5.26	6.04	7.72	10.91
240	10.84	8.32	10.00	13.19
1 100	50.09	33.05	36.41	41.10

（4）加强宣传是实施生活垃圾治理的重要方式

德国政府非常重视对生活垃圾治理的公众宣传教育，通过宣传、培训、开展各类环保活动等多种方式加强居民的自我管理，以提升居民的环保意识，充分发挥居民的主体能动性，自觉履行职责和义务。例如，为方便居民及时了解生活垃圾处理信息，德国各地方政府每年会公开发布本年度《垃圾分类说明》和《垃圾清运时间表》，并以多种方式对《垃圾分类说明》进行宣传和讲解，以保证居民能够全面了解垃圾分类常识，自觉主动做好垃圾分类回收工作。

（5）回收利用是促进生活垃圾全产业链发展的核心

德国除了重视垃圾分类的“前端工作”外，在管理垃圾处理处置的“后端工作”领域也取得了较大进展。政府鼓励将生活垃圾资源化利用，垃圾处理处置企业将不同种类的生活垃圾进行分类收集、专项运输和精细处理，通过不断提升垃圾处理技术，创新资源利用方式，实现垃圾“后端”的良性循环利用。经过多年探索，德国已形成相对完整的垃圾回收利用产业链条，现已建立起完整的“生活垃圾分类—转运—处理—利用”的全产业链，进一步提升了“垃圾经济”产业集群的盈利能力。据报道，德国垃圾回收行业每年可创造达 500 亿欧元的营业额，大约占全国经济产出的 1.5%，带来的经济效益相当可观。

8.2.2　以英国乡村景观管护为例

英国是第一批建立自然景观保护区的国家，发展到现在已认定了多种乡村景观保护区，积累了丰富的乡村景观管理经验。英国乡村地区受到自然风景和人类活动共同影响而不断发展，文化与自然遗产地资源丰富、乡村地区范围辽阔，与我国乡村环境有众多相似之处。

一、发展历程

英国的乡村景观保护主要是由英联邦政府下的环境、食品、乡村事务部门管辖。在脱欧之前，英国在相关保护政策制定方面与欧盟类似，发展历程主要概括为四个阶段。

第一阶段：1987 年之前。

1987 年之前，英国的乡村景观保护呈现出以生产功能保护主导、其他功能保护配套的特征。自 18 世纪英国的“圈地运动”以来，农场平均规模扩大，为集约化的生产创造了条件。英国政府基于此大力推进农业生产，尤其注重农产品的产量。与此同时，《绿带法案》（1938 年）、《城乡规划法案》（1947 年）、《国家公园和享用乡村法案》（1949 年）、《野生动植物和乡村法案》（1981年）及此阶段的环境保护运动、树篱保护运动、湿地保护运动在一定程度上缓解了因生产开发所带来的景观破坏，保护了乡村景观的部分生态和文化功能。

第二阶段：1987—2005年。

此阶段，英国开始强调对农业景观的生态功能保护，并注重景观的多功能性和利益相关者的参与。其标志性事件是"农业—环境"促进计划的实施。该项计划政策通过补贴的方式促进环境友好型生产，补贴的范围涵盖了对林地、坡地农场等特殊土地利用的管理与维护、对环境敏感区的识别认定与保护、鼓励有机农业的发展、区域退耕还林举措、扩大能源作物种植面积，等等。同时，景观特征评估体系的确立和开展使得景观保护的理念进一步细化为实际行动。此外，英国亦通过相关政策项目的实施进一步加强对乡村景观多功能的保护，增加自下而上的管理措施，鼓励利益相关者积极参与到乡村景观保护中。

第三阶段：2005—2015年。

2005年起，英国政府正式确立乡村景观的管护制度，作为保护法规条文的辅助制度来调动景观利用主体参与乡村景观保护的积极性。标志性的措施是环境管护计划的确立。环境管护计划是面向乡村土地管理者的资助项目，政府提供管护导向和优先资助的领域，由土地管理者在特定的时间提交申请。在环境管护计划下有三种不同级别的管护类型：入门级管护、有机农业入门级管护及较高级管护。其中，入门级管护和有机农业入门级管护针对高地（丘陵地区）有单独的管护方案。入门级管护主要是指一些简单高效的土地管护协议，并提供优先选项供选择；有机入门级管护是指有机和常规农业混合种植生产协议；较高级管护指根据当地情况而制定的更复杂的管理和协议。每个级别的管护都涉及乡村景观中生产、生态、文化等不同功能的多项具体技术和相应工程措施，如传统农舍修复、树篱管理、石墙建设、坡地农场管理、有机农业生产、草场维护、隔离带建设等，这些技术与工程措施针对不同区域会有所不同。

第四阶段：2015年至今。

2015年，英国政府建立涵盖面更广的乡村管护计划。乡村管护计划是对原本环境管护计划的改进和扩充，是对乡村景观要素与功能的综合管护。与环境管护计划类似，乡村土地管理者需要提交申请才能获得相应的资助。这项资助涉及乡村景观的各种土地利用类型（如常规和有机农田，沿海地区，高地和林地等），并根据各个区域的实际需要设立相应的优先资助领域。同时该计划引进竞争机制和评价机制，只有满足优先资助领域且在项目评价中得分高的土地管理者才能获得资助。乡村管护计划同样设立有三种不同级别的管护类型，即中层管护、较高层管护和资本基金管护，各管护类型的具体内涵详见表8-5。

表8-5　英国乡村管护计划内容

管护类型	内容
中层管护	促进实现简单高效的环境效益，资助各种可供选择的项目（如水质改善、基础设施完善）
较高层管护	针对公共用地和林地，同时也资助鼓励农村土地管理者的培训等
资本基金管护	该管护只提供相应的资金，无配套技术指导。协议的年限为2年，资助对象主要是针对树篱、林地及比较高层管理更复杂的规划（需含有可行性研究以及具体管理和实施计划）

二、管理机构

英国乡村景观管护的相关管理组织机构可分为国际和欧洲层级、国家层级、成员国层级和地方层级，还包括一些公共机构、非政府组织、志愿团体、慈善机构和商业机构等。从国家至地方层级，目标层层推进，体现了“自上而下”的管理特征（图 8-1），各级政府与各类组织机构、社会团体、研究机构、商业机构等全面协调合作，积极带领乡村居民开展丰富而有益的乡村景观保护建设项目，统筹协调不同利益团体达成共识，并不断根据实际情况及时调整和设立管理机构。

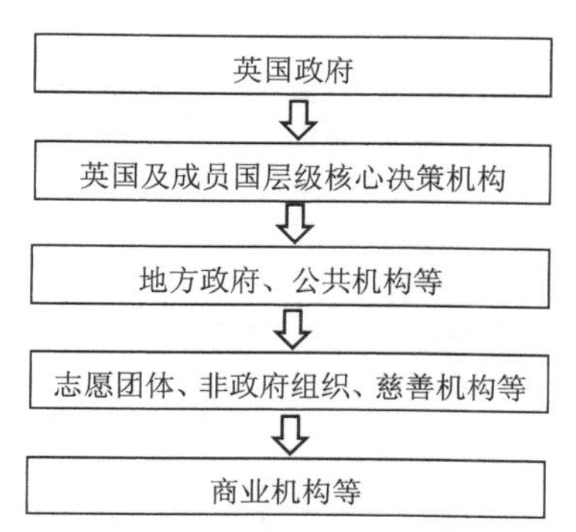

图 8-1　英国乡村景观保护区相关管理机构“自上而下”的管理特征

三、管理措施

英国在乡村景观管理和保护过程中实施了一系列重要措施，主要通过制订管理计划、加大管理宣传、提升公众参与度、健全政策与法律、提供资金支持等措施加强对乡村景观的管理。

（1）制订科学合理的乡村景观管理计划

国家层面通常以五年为周期制订五年管理计划。管理计划是公共咨询文件，主要对乡村景观的重要治理要素、治理现状、治理目标、具体措施和行动计划进行了阐述，此外，还包括促进乡村环境发展的相关政策、重要法规以及未来发展的战略方向，为实现既定目标建立了一系列的政策框架。各级管理部门针对不同地区乡村景观管理程度的差异性，可单独制订相应的管理计划，因地制宜制订更为实用的管理计划。科学合理的管理计划能够吸引更多的资金支持，有助于最大限度地实现乡村环境可持续发展和促进社会和经济利益有效提升。

（2）利用信息化手段宣传管理乡村景观

英国非常注重乡村景观的社会性，因此英国乡村景观管理相当重视对乡村景观信息的公开与传递。有效的信息传递不仅能够提升公众对乡村景观的认知，培养其环境保护意识，也为发展休闲娱乐和旅游业奠定基础。目前英国乡村景观的信息传递方式主要包括官方网站、社交媒体和移动应用程序等三个途径。通过信息化的方式宣传介绍乡村景观的发展历程、政策法律与管理体系、景观基本信息、自然环境特征、面临挑战、未来发展规划等各方面的详细信息，同时积极收集公众意见以进一步完善治理措施，使公众更加全面地了解乡村景观，促进乡村环境的社会性发展。

（3）注重提升乡村景观管理的公众参与度

在乡村环境治理方面，英国政府非常注重鼓励公众积极参与乡村环境治理工作。就乡村景观管理而言，英国各级政府、社会机构与组织、居民等各参与主体充分发挥各自力量，主要通过开放性对话、优先性对话、咨询、建议、信息公开和收集等方式参与乡村景观管理工作，形成了全民共治的良好局面。

（4）建立良好的政策与法律保障

政策与法律法规的出台是英国乡村景观管理的基础保障。英国乡村景观管理相关政策与法律法规具有目标性强、类别多样等特点，且法律认定目标、管理框架、管理措施并非一成不变，会适时因实际需要进行多次调整与完善，呈现动态的发展特征。例如，《城乡规划（苏格兰）法 1972》规定要保护和提升乡村景观风貌，乡村的发展不能以牺牲景观风貌为代价，或者负面效应超过环境、社会和经济所带来的效益；《乡村和道路权法 2000》中明确提出乡村自然风景优美地区的法律认定程序和目标，要求地方政府为每个自然风景优美的乡村地区制订管理计划，并创建乡村景观保护委员会加强管理，并对跨区域地区乡村景观的管理工作提出具体要求。

（5）多方面筹集资金支持

英国乡村景观管理的资金主要来源于政府，此外还包括合作机构、私人机构、公司等途径。英国政府提供的乡村景观保护区管理经费在国家层面和地方层面都实施了严格的资金监管程序，保证了管理资金的有效应用。公司援助项目的资金主要由公司运作，国家或地方参与管理。私人机构的专项基金由机构具体负责运作，合作组织机构负责提供咨询建议，该类资金涉及内容较广，具有较强的针对性，居民可通过向合作组织机构或者私人机构申请资助的方式获得专项资金。此外，部分地区的地方政府、志愿团体、私营部门和个人还可以通过可持续发展基金获得资金支持。多种形式的资金资助为乡村环境的管理工作提供了资金保障，极大促进了各类乡村景观管理工作的稳步运行与发展。

8.3 东亚国家——日本

以日本乡村环境综合治理运维管理为例。从整体上看，日本乡村环境管理由政府、社区自治组织、各类民间社会组织、公民等共同参与，形成了共同发力、互相协作的乡村环境治理管理体系。近年来，日本政府从法律制度、技术研发、政策扶持等措施入手，逐步完善乡村环境综合治理管理体系。目前，日本的农村环境管理日趋成熟，法律体系、支撑技术逐渐完备，内涵更加丰富，效果更加凸显。

一、治理措施

（1）以成熟的机制体制保障农村环境管理

日本的乡村环境管理是一种地方主导与自主的行政管理体系。地方政府享有较高程度的自治权，环境省与地方的环境管理直接面向地方政府。都道府县环境主管部门的主要职责是对关键区域、重要污染区域实施定期、定点和非定点环境质量监测，制定地方环境工作目标和对策。根据地方自治原则，地方自治主体均建立了相对独立的环境管理机构，并鼓励当地民众参与公共环境事务管理，推动乡村环境自治工作。通过政府主导、居民配合、第三方负责的模式，形成了高效的乡村环境治理管理体系。例如，乡村景观设计方面，日本以村民、政府和社会相互协作的组织形式贯穿乡村建设的始终，通过公众参与的形式有效保护乡村景观，打造田园综合体乡村旅游模式，发展创意农业，提升了乡村产业、景观和文化等多元价值融合发展。

（2）以完善的支持政策与法律法规保障农村环境管理

日本高度重视乡村环境治理的政策引导和法律法规体系构建。日本乡村环境法律体系相对完善，涉及水质保护、土壤污染、农药使用、环境影响评估、资金补贴等，其中每一类环境法律体系还包含法规、条例、部令等内容，内容设置严谨且全面。例如，为解决现代集约型农业生产方式所带来的环境污染问题，日本自 1999 年《粮食·农业·农村基本法》颁布以来，每隔五年依法编制修订出台一份《粮食·农业·农村基本计划》，以谋划未来五年全国农业发展的施政基本方针以及综合施政策略。通过从政策、贷款、税收、技术等方面支持生态农户，提高生态农户的经济效益和社会地位，日本乡村环境污染状况得到了较大改善。

（3）以精准的财政补贴支撑农村环境管理

日本农村环境治理政府经济补贴主要分为政策补偿和资金补偿。其中，政策补偿主要包含低息贷款、税收减免、项目支持等措施，广泛运用于环境保全型农业、森林生态管护、乡村面源污染防治等领域，促进了乡村生产、生活和生态循环共生圈的形成。资金补偿包含补偿金、捐赠款、补贴、转移支付等措施，旨在发挥财政资金作用，促进公私合作，带动社会资本参与乡村生态环境建设。例如，为推动乡村污水治理，日本政府不仅出台《净化槽法》，还制定了《净化槽设置整备事业》和《市町村净化槽安装建设事业》等相关政策，明确政府对家庭小型净化槽和市町村净化槽分别按照建造成本的 40%、90% 给予补贴。其中，中央补贴占家庭小型净化槽总补助额的 1/3，地方自治体占 2/3。

（4）以规范的行业和市场服务体系推动农村环境管理

日本环境管理工作主要采取地方政府主导与行业协会参与相结合的方式。地方政府对本辖区的环境质量负全责，日本环境安全事业株式会社、日本环境保全协会等行业协会，承担着本行业废弃物处理业务的资质审查、招投标工作等管理职能。这些行业协会既为第三方治理机构提供全面、专业、权威的信息数据，又对政府、排污单位、治污企业等进行客观、有效的监督，为环境污染治理的有序运转提供了重要保障。政府通过购买第三方服务的方式，为国民提供更加灵活高效的环境管理和服务。例如在污水治理方面，行政机关及其指定的第三方机构，对污水治理设施的申请、设立、变更、废除具有审批权限，并通过指定的第三方机构对建设与运行的质量进行监管，用户则需支付排污费和第三方服务费。第三方机构包括设备制造公司、建筑安装公司、运行维护公司和污泥清扫公司等，均需要资质，并且从业人员都必须通过培训和考试获得相应的专业证书，从而保证了服务质量。此外还有专业性的行业协会和培训机构等开展分散污水治理技术的研究、推广、宣传教育等，确保每年培养足够的、具有国家资格的技术人员和管理人员。行业协会和市场主体参与农村环保工作，是对政府开展农村环境监管的有效补充，可以有效缓解政府人力、财力不足的问题，通过市场竞争，还可以既提高服务效率，又提高服务质量。多种主体与政府形成良性循环，有效促进农村环保水平的提升。

二、日本乡村环境治理运维管理案例

以日本乡村生活污水治理运维管理为例，日本非常重视乡村水环境治理的运行维护问题。在日本的行政区划中，都、道、府、县相当于我国的省级行政单位，其管辖的下级行政单位为市、町、村。日本农村污水处理由行政机关、用户、行业机构共同参与完成。行政机关主要负责污水治理设施的审批、监督和管理，并针对不同情况分别给予技术指导。主要有下水道、农业村落排水设施、净化槽三种建设方式，分别归属国土交通省、农林水产省、环境省管辖。日本农业村落排水设施的建设运营资金主要由各级自治体筹集，国家给予财政支持。乡村家庭生活污水分散式处理设施，采取谁污染谁出资和居民自行建设并运行管理的原则，不同参与主体对乡村家庭生活污水处理管网设施建设与运维承担不同的职责。日本农村分散处理设施的组织实施更强调用户、第三方行业机构、专业性行业协会与培训机构的重要作用。第三方行业机构主要包括设备制造公司、建筑安装公司、运行维护公司、污泥清运公司，上述机构均须获得相应专业资质，从业人员必须通过培训考试获得相应的专业资格证。

日本的城市和乡村分别有不同的污水治理法规体系，根据日本的《水污染防治法》，地方政府可以根据当地水域的要求，制定各自的地方排放标准。20 世纪 70 年代后期，如何确保净化槽适当地安装、运行、维护、清扫和检查等是日本全社会关注的问题。此后，日本在 1983 年颁布了《净化槽法》，对净化槽的维护、清扫、检查做了明确的规定。2007 年之后，《净化槽法》规定了净化槽的制造、安装、维护检修及清扫等方面的要求，并详细规定了净化槽的最大清扫周期，明确了定期检查、维护维修等净化槽使用者的义务。目前，日本净化槽维护和清理的业务主要委托给专业人员处理，清理、维护和水质检测人员都必须取得相应的资质，净化槽人员资质管理情况见表 8-6，具体的管护机制如图 8-2 所示，运行维护体系如图 8-3 所示。

表 8-6　日本净化槽专业人员资质管理

国家资格	内容	认定机构
净化槽设备士	在现场监督净化槽施工的人	国土交通省
净化槽管理士	从事净化槽维护保养工作的人	环境省

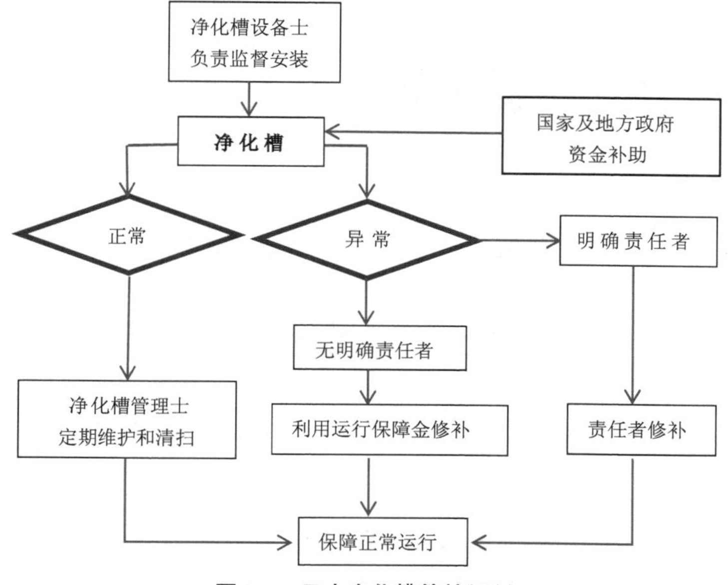

图 8-2　日本净化槽管护机制

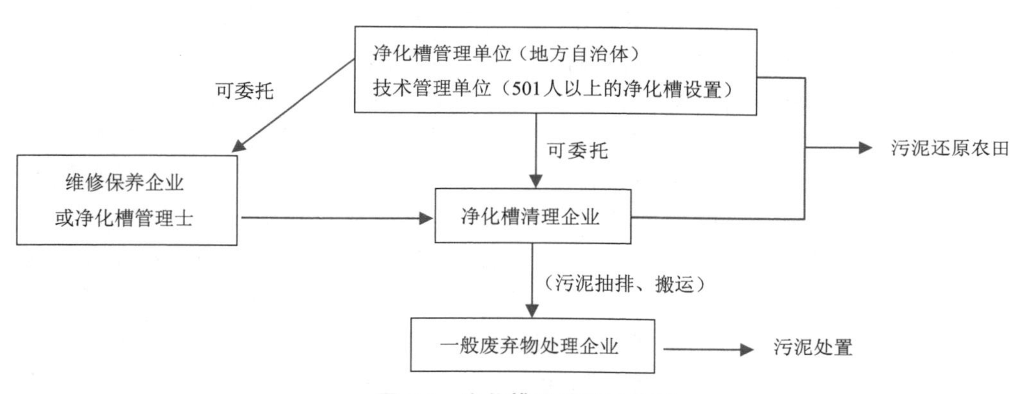

图 8-3　净化槽运行维护体系

第九章　国外典型国家乡村环境治理综述及启示

9.1　国外典型国家乡村环境治理综述

9.1.1　总体评价

就国外乡村规划经验来看，无论是美国、英国、德国等欧美国家，还是日本等东亚国家，都高度重视乡村规划发展阶段的差异性；乡村规划法治建设、人才培养、财政支持、高质量的公众参与等内容。美国乡村规划遵循“以人为本”的理念，城乡一体化已基本形成，能够很好地带动乡村的发展。在城乡共生模式下，美国政府在追求经济目标的同时，更加重视乡村生态、文化、生活的多元化发展，乡村规划更加注重提供健康、优美、和谐的乡村环境，同时注重发展乡村旅游经济，使乡村的生态功能、旅游休闲功能的发展相协调。英国乡村规划目标明晰，体系清晰。现阶段英国乡村规划目标包含粮食安全保障、村民幸福指数提高、乡村环境保护加强、乡村休闲娱乐提升等四个方面，乡村规划方法灵活多样，倡导乡村发展与保护同行治理理念。德国乡村规划注重法律先行，规划编制公众参与程度高，规划参与者由地方政府、各学术领域专家及公民代表组成的社区协会等利益相关者构成，其中涉及规划学、生态学、建筑学、景观学等多领域专家和学者。日本乡村规划主要通过确定乡村在各个发展时期的定位，明确乡村规划的目标与内容，使乡村规划呈现出清晰的目标导向特征，同时立足和利用当地自身资源和发展基础，构建了完善的评估体系来保障乡村发展。

就乡村生活污水治理而言，发达国家具备了成熟的技术，制定了相应的技术标准，其管理和服务体系也较为完善。发达国家乡村污水治理的组织管理机制受本国国情和发展历史的影响。总体来说，城市化历史悠久的欧美国家在乡村污水治理中以环境保护为主要目的，强调用户自主，国家给予引导和一定程度的扶持。分散污水治理最主要的缺点就在于其建设与运行的质量不容易得到保障。为了解决这一问题，各国提出了不同的措施，其宗旨都在于提升分散设施建设与运营的集中程度。由美国经验可知，现代分散污水治理的技术加上适当的管理，可使分散污水治理的出水水质完全达到大城市的污水治理水平，而以用户自觉为主的管理方式不利于系统的稳定运行与维护。日本在农村污水治理过程中卫生健康、建设与环境保护的需求同时存在，问题复杂得多。为了加强治理力度，日本以政府主导的形式，建立了一套比较严密的由政府、用户与机构共同参与的农村污水治理组织与实施体系，并且国家在资金上扶持力度大。从日本的成功经验可以看出，要建立一套较为完善的法律法规体系、技术标准体系以及管理和服务体系，需要几十年的时间。面对数量巨大的农村生活污水处理系统，如果由地方政府负责日常维护、清理、检查等工作，则成本较大。在日本，在农村污水治理的建设与运行中广泛采用第三方服务的运营模式，即由具备资质的公司生产设备和其他配件，由专门的公司和经过培训的人员分别负责系统的安装、维护检修与运行保障工作，确保了农村生活污水治理的建设、运行与维护质量。

就乡村生活垃圾处理而言，日本和欧美发达国家经济发达，城乡一体化程度高，在生活垃圾处理方面起步早，农村垃圾与城市垃圾一并由政府统一管理或委托专门企业管理，统一立法、收集、转运、处理，并且建立了相对完善的管理体制。因此农村地区的生活垃圾处理与城市地区没有明显差别。总体而言，发达国家对农村垃圾治理的实施始于20世纪六七十年代，各国逐渐开始控制农村生活垃圾的污染，由专门机构对生活垃圾进行收运与处理。20世纪八九十年代，一些国家开始逐步引入“避免和减少垃圾产生”的减量化观念，从垃圾末端治理向产生源头的减量分类转变，由专门机构的管理延伸到民众的参与。从20世纪90年代开始，一些国家开始重视有利用价值物质的循环再利用，垃圾分类和资源回收得到了较大的发展，垃圾回收利用率有了很大提升。卫生填埋、焚烧、堆肥是当今各国生活垃圾处理的主要方式。近年来，焚烧和堆肥的应用越来越多，垃圾填埋量逐年下降，呈减弱趋势，填埋有可能作为生活垃圾的最终处理手段发展成为其他处理工艺的辅助方法。与填埋处理相比，焚烧处理具有占地少、处理周期短、减量化显著、无害化较彻底，以及可回收热量等优点，因此近年来得到了广泛的应用。荷兰、德国、日本等国家，焚烧处理所占的比重均超过了填埋。堆肥和回收利用在部分国家的垃圾处理中也占有一定的比例。目前欧洲农村社区的垃圾收集和处理等社区基础设施相当完善，村民已树立节能环保意识，政府对农村垃圾的处理坚持源头减量、分类收集，鼓励资源化利用，减少焚烧污染，取得了较好的治理成效。

就乡村景观保护而言，欧洲国家非常重视建立乡村环境保护长效管理机制，有序推动乡村结构调整和发展方式转变，并重视发挥地方基层政府作用，引入长期乡村景观规划和管理，加强规划引领和土地发展权管控。欧洲村庄乡村景观、建筑风貌保存良好，内部建筑、道路及基础设施规划管理制度相当严格，乡村布局、结构、基础设施和古建筑等都实现了发展的稳定性和连续性，保障了乡村生态宜居。在乡村景观保护方面，德国规划的特点是自下而上，由地方社区进行引导。德国乡村景观保护的参与主体比较宽泛，包括村民、企业、协会、管理部门等，其内容包括乡村景观保护的发展目标、实现发展目标的途径以及需要优先发展的项目等。荷兰的村容村貌整治与荷兰的土地整理过程紧密相连，娱乐、自然和历史景观保护被置于与农业生产同等重要的地位，政府更为重视乡村村容村貌的整治，更加注重乡村景观特色的多元化。

就厕所粪污治理而言，美国和日本均注重将农村生活污水与厕所粪污进行协同处理。美国一般将化粪池作为分散式污水处理系统的预处理系统，后经传统或系列替代系统进一步处理，实现厕所粪污的资源化利用和农村生活污水就地处理。美国EPA认为该处理系统可作为永久性处理系统在全美应用。日本法律法规体系完善，生活污水和厕所粪污处理普遍采用第三方服务主体，运行稳定有效。日本建立了一套政府主导、居民参与的实施体系，采用单户、联户净化槽实现污水、厕所粪污协同处理，尤其是出台了《净化槽法》对农村厕所及生活污水处理进行了完善系统的规定和指导。第三方服务方式促进了厕所粪污处理的市场化，建立了完善的收付费机制，保证了日本农村厕所环境治理的质量与效率，推广了厕所粪污处理技术，充分运用市场机制建立了产业体系，推进了厕所粪污治理行业的快速发展。

德国厕所的整体布局和具体选址十分合理，人性化的设置也为居民如厕提供了诸多便利，德国在农村厕所改造中还高度重视群众意愿的“软指标”，公众的意愿始终占主导地位。

就乡村基础设施建设和管护机制方面而言，德国的经验做法主要是加强乡村环境治理中的公众参与，村民的积极参与对村庄更新项目的建设和管护起着决定作用。荷兰在完善建设和管护机制方面，首先以法案的形式规定乡村建设和管护主体；其次，建立非政府农业合作社，加强政府与农民之间的沟通交流，增强农民在建设和管护中的重要地位，促使农民在乡村建设和管护方面承担更多责任。韩国政府在管护机制方面，充分调动农民的积极性，并组织村民组织、村民参与到农村生活垃圾和污水治理中来，从而使政府、村民组织和村民实现合理分工并形成村民自治的治理机制。韩国政府实施全面农村生活基础设施建设，多方面拓宽筹资渠道，鼓励更多民间资本参与基础设施建设，形成了以政府与民间资本共同建设的格局，灵活、多渠道的措施为城镇化建设提供了充足的资金，保障了基础设施建设的顺利进行。韩国还通过立法手段，制定乡村建设的相关法案，为政府解决和指导城镇化问题、保障城乡的有序发展提供了法律依据和行动指南。

9.1.2　国外乡村环境治理的分类

国外乡村依托本地自然环境、资源禀赋、政府推动、经济水平、城乡合作、发展机遇等优势，形成了多样的乡村治理类型，产生了可观的经济效益和社会效益，取得了良好的治理成效，结合现阶段国内外学者对国外乡村环境治理的研究来看，大致可分为以下几类（表9-1），每种治理类型特点不一，具体如下。

表 9-1　国外乡村环境治理的不同类型及主要特点

国家	分类	特点
美国	城乡共生型	城市与乡村环境协同治理、互惠共生。通过城市带动农村、城乡一体化发展等策略来推动乡村社会的发展
德国	循序渐进型	政府通过制度层面的法律法规调整，对乡村环境治理进行规范和引导，通过村庄更新使农村保持活力和特色，逐渐将乡村推向发展与繁荣
荷兰	精简集约型	对乡村相对有限的农村资源精耕细作、多重精简利用，以保护乡村环境为前提，达到规模化和专业化的经济与社会效益
日本	因地制宜型	在政府大力倡导下，各地区根据自身的实际情况，因地制宜培育富有地方特色的乡村环境，促进乡村发展
韩国	自主协同型	主要通过政府支持与农民自主发展相配合共同推动乡村环境治理的目标实现

按照参与主体不同，国外将乡村环境治理划分为政府直控型、市场化型、环境自觉行动型、“三位一体”型环境治理。不同乡村环境治理类型的具体特点如下。

（1）政府直控型环境治理

政府直控型环境治理强调发挥政府部门的主体作用，各种环境政策和制度大部分是由政府部门直接操作，作为一种行政行为而通过政府体制进行实施，使环境治理具有浓厚的行政色彩。政府直控型环境治理的存在具有其合理性，其优势在于环境治理是一项涉及政治、经济、技术、社会等各个方面的复杂又艰巨的任务，具有较强的全局性和综合性，只有政府才有足够的权威和能力组织协调环境治理工作顺利开展。例如德国和荷兰乡村景观保护主要采用政府直控型环境治理方式，政府根据专家给出的意见制定乡村景观规划和各种环境政策和制度，通过制定政策激励村民自发参与其中，并提供资金、技术、培训等支持村民，最终实现乡村景观规划治理。

（2）市场化型环境治理

市场化型环境治理强调在环境基础设施管理领域引入市场竞争机制，以改善提高环境基础设施运行质量与效率。该治理方式打破了政府主导建设运营的传统模式，充分利用社会资本，建立多元化的投资主体，实行建设与运营的产业化和市场化，从而达到弥补环境基础设施建设资金缺口和提高运营效率的目的。美国联邦政府在项目运作中引入市场机制，在治理乡村生活环境的同时，也推动了企业的创新，加快了经济发展，使乡村环境污染治理与经济发展形成相互促进的关系。例如美国乡村生活垃圾治理成功实行了市场化环境治理方式。

（3）环境自觉行动型环境治理

环境自觉行动型环境治理最大的一个特征是在强调社会参与性的基础上，重视组织和个人在环境行为方面创新性、主动性、自觉性的发挥。环境自觉行动是在基于现有政策和法律法规的基础上，使人们在环境创新方面有足够的灵活性和独创性。其越来越受到国外政府和学者的关注与研究。日本乡村景观保护属于典型的采用环境自觉行动型环境治理方式。日本乡村各类民间组织和协会是乡村环境自主治理的重要推动力量，通过各地民间组织和协会长期组织或参与各类环境保护的公益活动，带动广大村民对公益环保活动的参与热情，助推了乡村地区政治、经济、社会、文化等各项事业的全面发展。

（4）"三位一体"型环境治理

"三位一体"型环境治理强调在乡村环境治理过程中市场、公众、政府之间的三方协作。政府利用市场机制，寻求公众支持，利用相关法规政策的强制性，形成"三位一体"环境治理模式，共同分担环境责任。市场、公众、政府等社会各个主体在环境保护中所起的作用是互相联系、互为补充的，任何一部分的缺失都会影响环境问题的有效治理。例如在乡村生活垃圾治理方面，德国政府建立了较为系统的法规体系，从联邦政府层面、州政府层面到地方政府层面，均制定了本级垃圾管理或治理法规条例。居民家庭垃圾回收主要依靠专业公司完成回收，以此保证垃圾的高效收集。家庭垃圾分类工作主要由居民自主完成，居民参与范围不局限于家庭范围的垃圾分类，还延伸至社区垃圾治理和治理决策中。

9.1.3　国外乡村环境治理的经验及特点

综合来看，国外乡村环境治理有如下经验及特点。

（1）乡村环保基础设施资金投入稳定，支持政策多样化

欧美发达国家大多采取了积极的乡村环境保护基础设施资金投入政策，通过补贴、贷款优惠、税收减免等措施予以大力支持。例如美国政府每年投入 65 亿美元，专门用于开展农业面源污染治理和资源保护工作。自 20 世纪 70 年代以来，日本逐步加大在乡村环境污染治理方面的财政投入，其中对农村环保基础设施的投入占到农村环保基础设施总投入的 30%。

(2)乡村环境治理法律法规门类齐全、操作性强

美国、德国、英国、日本等许多发达国家针对乡村环境治理均制定了详细的乡村环境保护法律法规,制定了一系列强制性技术管理措施。美国制定了《最大日负荷计划》《农村清洁水实施计划》等;德国、法国、荷兰、丹麦等国签订了合作协议,动员各方力量参与到乡村污染治理中;日本非常注重发挥法律法规的约束作用来规范农民农业生产行为。目前,日本在农业生产的各个环节基本配有相应的法律法规,如《食物、农业、农村基本法》《持续农业法》《农业用地土壤污染防治法》《有机农业促进法》《堆肥品质管理法》《食品废弃物循环利用法》等。这些法律法规通过明确政府部门与农民的农村环保责任和环境友好型生态农业的法律地位,极大地促进了日本环保生态农业的推广。

(3)乡村环境管理注重合作,职责分工明确

欧美发达国家十分重视农村环境保护的职责划分,对国家政府管理部门和各类研究机构、治理公司,在农村污染防治方面的职责做了明确界定。目前,美国和部分欧盟国家采取了相对集中的乡村环境管理体制,例如美国国家环保局是农村环境的统一管理部门,主要职能是帮助农民防治污染,制定农村环境标准,进行环境立法和执法,开展水质土壤质量监测,提供监测结果信息。农村环境保护相关部门和机构共同形成了污染防治服务、研究、应用的有机整体。日本对于农村生态环境的监测和治理,主要实行的是"一部门为主,多部门协助配合"的系列化管理方式。由于各部门权责明确,日本在农村人居环境治理方面极少出现由于责权不清晰而相互推诿的现象,政府各部门之间配合紧密,大大提高了政府对农村人居环境治理的管理效率。

(4)乡村环境治理注重过程管理,监督管理严格有力

欧美国家大多建立了覆盖全国的农村环境监测体系,对农村环境保护的监督管理实施过程监督。环境监管基础设施建设以及执法、监测研究与开发费用主要来源于政府公共支出。美国政府早在 1991 年就拨出 2.06 亿美元专门支持农村水质监测网络建设,对全国 3 000 个农业县的基层农业环境监测技术人员进行了培训,开展全国农村水质状况动态评估。多数欧盟国家均已建成全国农业环境监测网络,在环境执法体系建设的保障下顺利实施。

(5)乡村环境治理技术推广应用体系健全,实用性强

发达国家十分重视对乡村环保实用技术的研发和对农民的指导,将先进实用的科学技术及时应用推广到乡村环保领域。例如美国在乡村环境保护方面具有多学科、高技能的技术队伍和服务体系,农业技术单位帮助农民解决现实难题,并选择一些农场作为示范户,对实用技术进行示范。在加强乡村环境治理技术研发的基础上,日本政府着力加大乡村环境治理技术的实际应用,缩短技术转化周期,环保技术的开发利用对于乡村环境治理已颇见成效,水体污染明显减少,土壤质量显著提高,有机农业得到大力发展,提高了技术对农业和农村环境改善的贡献与效率。

9.2 我国乡村环境治理发展现状

乡村环境与广大农民群众的利益息息相关,乡村环境恶化不仅对村民生活质量和幸福

指数的提高造成强烈的负面影响，而且严重影响乡村的和谐稳定，阻碍乡村建设的步伐。乡村环境治理是全面助推乡村振兴战略的重要举措，能够提升人民满意度和幸福感，是全面建成小康社会的关键举措。

农村人居环境整治，是以习近平同志为核心的党中央从战略和全局高度作出的重大决策部署，是实施乡村振兴战略的第一场硬仗。习近平总书记多次强调："乡村环境整治这个事，不管是发达地区还是欠发达地区都要搞，标准可以有高有低，但最起码要给农民一个干净整洁的生活环境。"

党的十九大提出建设美丽中国，为人民创造良好生产生活环境，为全球生态安全做出贡献，并强调必须树立和践行绿水青山就是金山银山的理念，始终把解决好"三农"问题作为全党工作的重中之重。围绕"产业兴旺、生态宜居、乡风文明、治理有效、生活富裕"乡村振兴总要求，将生态文明建设与新时代乡村振兴相结合，改善乡村环境，坚持人与自然和谐共生，着力解决当前乡村发展过程中存在的环境问题，建设美丽宜居乡村。2018 年我国按照"统筹规划，分步实施、重点突破、蹄疾步稳"的工作思路，以乡村垃圾、污水治理和村容村貌提升为主攻方向，整合各种资源，强化各种举措，深入开展农村人居环境整治提升八个专项行动，高标准推动乡村人居环境整治工作。党的十九届五中全会又进一步强调，要优先发展农业乡村，全面推进乡村振兴，生态宜居是乡村振兴战略的重要目标之一，坚持"乡村美，中国美"，应当实事求是地做好乡村生态环境整治工作，打造清洁无污染的乡村生态生活环境。2021 年 12 月，中共中央办公厅、国务院办公厅印发《农村人居环境整治提升五年行动方案（2021—2025 年）》，并指出，"协同推进农村有机生活垃圾、厕所粪污、农业生产有机废弃物资源化处理利用，探索就地就近就农处理和资源化利用的路径"。近年来，中共中央、国务院接连出台"一号文件"聚焦乡村振兴工作，从建设社会主义新农村、加强农业基础设施、统筹城乡发展等多个角度提出了农村环境保护的重要性，成为加强农村环境保护管理机制的重要指导依据。2022 年 10 月，党的二十大报告指出，"推进城乡人居环境整治""实施全面节约战略，推进各类资源节约集约利用，加快构建废弃物循环利用体系""全面推进乡村振兴"，强调要"建设宜居宜业和美乡村"。

新形势下，乡村环境治理是乡村振兴战略的重点任务，更是改善农民生活质量、提升民生发展水平的根本保障。生态文明建设在新时代乡村"五位一体"的总体发展建设目标中地位突出，体现了我国实现乡村资源环境与发展并重的决心与意志。当前我国乡村环境治理相关政策见表 9-2。

表 9-2　乡村环境治理相关政策

年份	名称	重要目标或内容
2013 年	《关于开展"美丽乡村"创建活动的意见》	促进农业生产发展、人居环境改善、生态文明传承、文明新风培育
2017 年	《农业资源与生态环境保护工程规划（2016—2020 年）》	加强生态文明建设、推动绿色发展
2018 年	《关于实施乡村振兴战略的意见》	要加快统筹推进乡村经济建设、政治建设、文化建设、社会建设、生态文明建设和党的建设，到 2050 年乡村全面振兴，农业强、农村美、农民富全面实现

续表

年份	名称	重要目标或内容
2018年	《乡村振兴战略规划（2018—2022年）》	按照产业兴旺、生态宜居、乡风文明、治理有效、生活富裕的总要求，加快推进乡村治理体系和治理能力现代化，走中国特色社会主义乡村振兴道路，让乡村成为安居乐业的美丽家园
2018年	《农业乡村污染治理攻坚战行动计划》	解决农业乡村突出环境问题，打好农业乡村污染治理攻坚战
2018年	《生态环境监测质量监督检查三年行动计划（2018—2020年）》	保障生态环境监测数据质量，打好污染防治攻坚战
2018年	《乡村人居环境整治三年行动方案》	遵循因地制宜、分类指导的基本原则，聚焦乡村生活垃圾、生活污水治理和村容村貌提升等重点领域，集中实施整治行动，梯次推动乡村山水林田路房整体改善
2021年	《关于全面推进乡村振兴加快农业农村现代化的意见》	乡村建设行动全面启动，农村人居环境整治提升，农村改革重点任务深入推进，农村社会保持和谐稳定
2021年	《农村人居环境整治提升五年行动方案（2021—2025年）》	农村人居环境显著改善，生态宜居美丽乡村建设取得新进步
2022年	党的二十大报告	“全面推进乡村振兴”，强调要“建设宜居宜业和美乡村”“推进城乡人居环境整治”“实施全面节约战略，推进各类资源节约集约利用，加快构建废弃物循环利用体系”

相关政策的出台对实施乡村振兴战略进行了全面部署，明确了乡村振兴战略的总目标、总要求及实施路径，为持续推进宜居宜业美丽乡村建设指明了方向。各地区各部门认真贯彻执行农村人居环境整治的国家战略部署，经过近些年的不断摸索与实践，我国乡村环境治理取得了一定的成效，目前基本扭转了农村长期以来存在的脏乱差局面。

乡村生活污水治理方面，目前全国农村每年有超过 2 500 万吨的生活污水直接排放，乡村污水处理因具有处理率低、排放分散、氮磷浓度高及含有大量的营养盐、细菌、病毒等特点，造成了水塘、河流污染，影响村民居住环境，严重威胁农民的身体健康。经过多年不断创新与实践，我国探索出系列乡村污水治理的新模式、新方法，农村生活污水和黑臭水体治理取得明显成效。当前我国针对乡村生活污水处理主要分为分散式和集中式两种模式。分散式乡村生活污水的处理技术主要包括好氧生物处理工艺、人工湿地处理技术、稳定塘处理系统、土壤地下渗滤处理技术、生物滤池处理技术等。集中式乡村生活污水的处理技术模式主要是收集纳入管网进行集中处理。

据相关统计数据，近十年，我国农村污水处理设施不断完善，污水处理能力迅速提升，农村日污水处理能力从 2016 年的 2 571 亿立方米提升至 2020 年的 5 176 亿立方米，提升一倍有余。2016 年全国乡村生活污水处理率为 22%，在全国 52.62 万个行政村中，对生活污水进行处理的行政村比例为 20%。截至 2019 年，有 43.65%的村建有生活污水处理设施或纳入了城镇管网，东部、中部、西部地区分别为 76.03%、42.03%、26.44%。我国 71.26%的村已没有生活污水乱排乱放现象，实现了生活污水的有效处理和良好管控。截至 2020 年底，全国农村生活污水治理率为 25.5%，基本建立了污水排放标准和县域规划体系。就典型省份而言，浙江省 2019 年发布全国首部农村生活污水处理设施管理领域的省级地方性法规；广东省 2019 年开展农村生活污水治理攻坚行动，新增 1 000 个以上自然村完成农村生活污水治理工作；福建省于2022年全省新推进500个村庄生活污水治理设施建设。

乡村生活垃圾治理方面，随着乡村经济的发展，乡村生活垃圾的产量不断增加，据调查，乡村地区平均每人每天产生生活垃圾约0.86千克。据2019年国家统计局发布的中国人口数量有关数据，我国乡村5.64亿常住人口，每年产生乡村生活垃圾1.77亿吨，且生活垃圾的产出量仍以每年8%—10%的速度递增。随着我国乡村现代化进程的推进，农民生活水平的提高，大量化学品、工业品以及电子产品作为生活必需品在使用后变为有毒有害的化学、电子废弃物，导致我国乡村生活垃圾组成也日益复杂，加大了处理难度。传统乡村生活垃圾处理方式多为简易堆放或填埋，不仅挤占了乡村的土地空间，还严重影响了乡村的工农业生产和村民的日常生活；垃圾填埋产生的有毒有害渗滤液会导致土壤、地下水等自然生态环境的污染，严重影响了食品质量安全和农民身体健康。经过多年的治理，现阶段，我国经济良好的发达地区农村已形成了先进完善的垃圾管理制度，较发达地区一般将农村地区的垃圾进行集中收集、运输和处理。农村地区生活垃圾主要采用“户收集、村集中、镇转运、县(市)集中处理”的城乡一体化运作模式。农村生活垃圾处理离不开政府的工作指导及资金投入，更离不开农村居民环保意识的提高。“十三五”期间，全国农村生活垃圾进行收运处理的行政村比例超过90%，排查出的2.4万个非正规垃圾堆放点基本完成整治；15万个行政村完成了农村环境的综合整治，超额完成“十三五”目标任务。2018年以来，全国范围内农村生活垃圾进行收运处理的自然村比例稳定保持在90%以上，截至2019年，我国80%以上行政村实现了乡村生活垃圾有效处理。

乡村厕所环境治理方面，乡村厕所条件建设是衡量乡村文明的重要标志，背后折射出的是百姓的民生问题，改善厕所卫生状况直接关系到国家生态环境建设以及乡村居民的身体健康和生活品质。进入21世纪以来，中央将乡村厕所改造作为一项民生工程，坚持不懈推进乡村“厕所革命”，大力开展乡村户用卫生厕所建设和改造，同步实施粪污治理，加快实现乡村无害化卫生厕所全覆盖，努力补齐影响农民群众生活品质的短板。习总书记多次强调，厕所改造是改善乡村卫生条件、提高群众生活质量的一项重要工作，在新农村建设中具有一定的标志性，必须将“厕所革命”作为乡村振兴战略的一项具体工作来抓。厕所革命间接反映了乡村振兴的成效，不仅影响基层农民生活卫生质量，也直接关系乡村建设的全局。截至2020年底，全国农村卫生厕所普及率达68%以上，每年提高约5个百分点，累计改造农村户厕4 000多万个。截至2021年底，全国农村卫生厕所普及率超过70%。其中，东部地区、中西部城市近郊区等有基础、有条件的地区农村卫生厕所普及率超过90%。

村容村貌提升方面，村庄是农民赖以生存的地方，美丽乡村建设是现代乡村建设的趋势，对乡村生活及生产质量产生重要的影响。村容村貌整治在我国当前乡村环境综合整治中范围最广、数量最多、难度最大，是“美丽乡村”建设中最重要的一环。村容村貌建设是我国农村环境发展的内在要求，也是新时期美丽乡村建设的必然选择。针对村容村貌整治，我国政府开展农村人居环境整治行动和美丽宜居乡村建设，科学合理编制乡村建设规划和村庄规划，加快推进农村生活污水、生活垃圾治理和农村改厕，全面启动村庄绿化工程，完善村庄基础设施建设，开展生态乡村建设等工作；同时开展乡村景观规划，以原有的乡土景观为构建基础，通过保护、挖掘和修复等手法，打造乡村特色鲜明的生态景观、乡土人文、创意艺术，实现产业发展、农民增收，保留村庄文化，推进生态和文化的共同发展。2018年以来，中央预算内投资安排30亿元支持中西部省份开展农村人居环境整治，中央财政对整治成效明显的20个县（市、区）给予激励支持。各地区对标三年行动方案，扎实推进乡村人居环境整治，取得显著成效。截至2021年底，农村脏乱差面貌明显改观，全国95%以上的村庄开展了清洁行动，引导农民群众集中开展卫生大扫除、垃圾大清理、环境大整治，农村基本实现了干净整洁有序，各地区立足实际打造了5万多个美丽宜居典型示范村庄，扭转了农村长期存在的脏乱差局面，村容村貌明显改善。

9.3　我国乡村环境治理成功经验及典型案例

9.3.1　全国试点示范——“化粪池+”模式实现分散式农户黑灰水就地处理利用

2019年以来，农业农村部环境保护科研监测所基于组织实施的“农村改厕技术模式集成应用”和“农村改厕模式与技术示范和监测评估”项目，根据因地制宜的原则，结合不同地区地理气候特点、经济状况和农户需求，开展了分散式农户黑灰水就地处理利用技术模式的探索及示范应用，以期解决厕所粪污清运机制跟不上、资源化利用率低等问题。试点示范案例情况如下。

（1）东北地区

技术模式：防冻化粪池+渗滤沟式土地处理系统+小菜园。

应用地点：内蒙古兴安盟科尔沁右翼前旗俄体镇全胜村（图9-1）；黑龙江省哈尔滨市呼兰区东营村和公家村（图9-2）；辽宁省沈阳市于洪区王家村（图9-3）。

东北地区，冬季寒冷，通常采用化粪池深埋的方式进行防冻，常规的土地处理系统不适用。在充分考虑东北地区冬季寒冷特点的前提下，结合当地生产生活习惯和居住特征（家家户户有大院子），因地制宜开展改进型防冻化粪池+土地处理系统+小菜园技术模式建设。为避免化粪池上冻，同时避免化粪池深埋造成施工成本增加，且便于末端土地处理布水管的设置，采用双层保温防冻化粪池以降低化粪池埋深，同时采用两个化粪池，增大化粪池有效容积，延长生活污水和厕所粪污在化粪池中的停留时间，确保黑灰水的处理效果。出水采用渗滤沟式土地处理系统，实现污水的就地消纳。末端土地处理系统的防冻就地取材采用玉米秸秆覆盖或者采用塑料大棚，防冻保温的同时还能保证冬季蔬菜种植，真正实现生产生活一体化。

图9-1　内蒙古兴安盟科尔沁右翼前旗俄体镇全胜村

图 9-2　黑龙江省哈尔滨市呼兰区东营村和公家村

图 9-3　辽宁省沈阳市于洪区王家村

从农户反馈情况看，该模式工艺简单，运行管护方便，实现了黑灰水就地处理、在土地处理系统上面种植作物，还能减少化肥的施用。整个系统利用自然坡度，无动力消耗，无需清掏，不增加额外的后期运行管护费用，满意度较高。同时，这种模式避免了三格化粪池后期需配吸污车清掏管护的问题，也无需大规模建设污水收集管网和污水处理站来处理生活污水，简单、易维护，还能实现就地资源利用，因此评价较高。

建设成本：约 6 000 元，包括便器、防冻保温化粪池、管材、砾石和整体的设计施工安装。

(2)华北地区

技术模式:三格化粪池+渗滤床式土地处理系统+小菜园。

应用地点:天津市宁河区东棘坨镇张老仁村(图 9-4)、板桥镇崔成庄村(图 9-5)。

天津地处华北平原地区,农村农户大多数都有庭院或房前屋后的小菜园,且都具有使用粪肥的习惯。因此,在当地已完成的三格式户厕改造的基础上,增加末端土地处理系统。三格化粪池第三池内安装吸污泵,设置时间开关,实现第三格出水的定时定量排放。化粪池末端连接渗滤床式土地处理系统,实现农户化粪池出水就地利用,土地处理系统上方的地表部分构建庭院小菜园,利用菜园作物进一步吸收土壤渗滤系统中的氮磷养分,在消纳污染物的基础上,还产生经济价值。

图 9-4 天津市宁河区东棘坨镇张老仁村

图 9-5 天津市宁河区板桥镇崔成庄村

从农户示范情况来看,该模式工艺简单、成本较低,粪污经化粪池处理后就地消纳,管护方便。渗滤床式土地处理系统适合农户房前屋后有闲置土地的农村地区使用。农户满意度较高。

建设成本:约 5 000 元,包括便器、三格化粪池、吸污泵、管材,以及渗滤床式土地处理系统的设计施工。

（3）西南地区

应用地点：贵州省剑河县革东镇宝贡屯村（图9-6），四川省黑水县别窝村（图9-7）。

技术模式：四格化粪池+渗滤沟式土地处理系统+小菜园；四格化粪池+人工湿地

贵州省剑河县山区农户居住分散，多居住在坡地上，房屋周边一般都有小菜园或闲置土地，且农户均保留了使用厕所粪污还田的习惯。基于此，开展四格化粪池+渗滤沟式土地处理系统+小菜园等技术模式建设，因地制宜，充分结合当地实际，以生态的方式解决厕所粪污和生活污水治理问题，实现粪污不出户、粪污不出村，打造农村复合生态循环农业模式。

图9-6　贵州省剑河县革东镇宝贡屯村

图 9-7　四川省黑水县别窝村

从农户反馈情况看,普遍接受和认可这种模式。首先,该模式工艺简单、易操作、使用方便,可以有效地实现粪污无害化;其次,将生活污水引入第四格进行发酵后,利用土壤进行深度处理,解决了生活污水处理问题;最后,出水通过土地渗滤系统,就地消纳,无需清掏,实现就地资源化利用,受到当地用户的一致好评。这种模式直接利用老百姓的小菜园消纳处理粪污,既解决了粪污的清掏问题,又实现了就地的资源化利用。

建设成本:约 6 000 元,包括厕屋、便器、四格化粪池、布水管和土地处理系统的设计施工建设。

9.3.2　浙江建德——打造农村生活污水治理运维管理模板

浙江省建德市在2014年农村生活污水治理建设工作中全省排名第一，2015、2016年获杭州市考核优秀，2017—2020年连续四年荣获“浙江省农村生活污水治理设施运维管理考核优秀县市”称号。“建德市农村污水治理工作”被评为“2020品牌杭州·生活总点评活动”优秀案例并获颁奖，建德市农污工作也受到央视新闻频道、杭州新闻联播等媒体采访报道。多年的农污治理工作，建德市总结经验，不断创新，形成了一套可借鉴、可复制的建德农村生活污水治理模板。

（1）“十个统一”治理要求全规范

2020年建德市对《建德市农村生活污水治理设施设计规范》《建德市农村生活污水治理设施施工管理规范》《建德市农村生活污水治理设施档案管理规范》进行了修订和标准申报，持续推进全市实行的农村生活污水治理“十统一”，即总体规划统一、项目立项统一、实施管理统一、技术规范统一、方案审核统一、图纸审核统一、施工规范统一、资金拨付统一、工程验收统一、档案管理统一，并组织乡镇具体经办人员、施工人员、监理人员等相关参建和运维服务人员进行学习培训，提高全市农污治理技能，确保农村生活污水提标改造工程和运维项目保质保量完成。

（2）三方监管技术支撑全过程

为破解农村生活污水治理专业技术和人手不足的难题，建德市引入了第三方专业管理公司，全面参与农村生活污水的日常监督、巡查、运维服务评估、运维效果评估，农村生活污水处理设施提标改造的设计方案评审、图审，提升改造的巡检、监管和验收，通过现场巡查、随机抽查、材料检查，及时反馈存在的问题，提出整改方案并严抓整改（图9-8、图9-9）。建设期以来，第三方监管单位保持每个站点巡检频次每周一次以上，整改通知下发50余份，问题反馈400余个，情况通报50余条，参与协商调解30余次，参与乡镇关于农污会议50余次、乡镇预验及市级终验工作30余次，累计巡查1 000余人次。第三方监督管理的专业团队，在推动农村生活污水日常监管及提标改造工程项目建设中，起到了积极和决定性的作用，破解了全市牵头部门人力资源不足、专业技术薄弱、现场管理经验缺乏的难题，进一步保障治理设施正常运维和作用发挥。

图9-8　第三方咨询监管单位日常巡查监督

图 9-9 参与提升改造工程项目验收

(3)农村生活污水处理设施长效运维

一是建立"五位一体"运维管理体系。建德市专门成立建德市农村生活污水治理长效运维办公室(简称运维办),形成市运维办为牵头主体、乡镇为责任主体、村级为管理主体、农户为受益主体、第三方运维公司为服务主体的五位一体运维机制,多方联动抓好监管。二是运维专业化。将全市按区域划分成两大片区,采用片区负责制,公开招标两家运维公司。两家运维单位在建德市各自组建和培训专业的技术队伍,并根据服务范围,建立了"半小时"服务圈,负责设施日常巡检、清理疏通、绿化和湿地植物养护,终端设备调试和故障维修等,力促全市农村生活污水治理设施运维工作出成效。三是监测专业化。特别重视农村污水处理设施监测数据的真实性和有效性,严格按照"642"(对全市 880 座终端设施定期开展进出水监测,其中 30 吨以上两月一次,10—30 吨每季度一次,10 吨以下半年一次)的频次开展水质监测,全面掌握运行数据。同时强化对监测公司监管,确保日常水质监测数据真实有效,全面分析和掌握设施运行效果。

(4)"一端一码"健康管理全智能

围绕农村生活污水治理设施设备运行问题发现机制,先行先试,创新建立了以终端"健康码"为核心的智能监管与服务体系。通过建德市农污运维管理平台,终端"健康码"实时采集在线监控、流量监控、运维巡检、水质监测、市镇村分级检查、信访投诉等业务数据,并以数据驱动,进行智能协同分析,综合研判、动态反映终端设施设备及运行情况评估后生成的"红、黄、绿"三色二维码,服务长效运行维护、分级管控精准管理、公众参与社会监督等场景,实现"一码式"呈现、条目式问题清单,加快提升农村生活污水治理运维管理现代化水平。

2021 年建德市在原有基础上提升建德市农污智慧管理系统,进一步拓展数据收集端点、丰富数据收集使用层级、重塑五位一体的监管体制,设立十一大个性化模块,数字赋能农污的全过程管理和设施设备的全生命周期管理,有效提高农村生活污水处理设施运维管理精细化、智能化、闭环化、过程化管控水平和异常突发事故的处理效率,提高站点污水处理率和出水达标率,以及群众的获得感和满意度。

（5）贯彻执法探索全领域

2020年4月，建德市对新安江街道平明豆制品小作坊开出了全国第一张农村生活污水监察意见书，对业主擅自将生产污水排入处理终端的行为责令立即整改，同时派专人跟踪辅导。目前执法工作在建德市持续推进，已成为农污运维的保障机制。该意见书在基层执法时的运用，标志着全市全省乃至全国农村生活污水管理工作正式迈上法制化、规范化的轨道。

（6）"一户一图"上墙，应纳尽纳收集污水

农户的三股水接户情况关系到污水的有效收集，关系到管网的有效利用，也关系着终端站点的正常运行。建德总结以往工作经验，在全市推行农户污水纳管"一户一图"制度，将"一户一图"绘制工作作为工程设计、施工、工程考核验收、审计以及日后运维检修的重要依据。专门建立农村生活污水管网统一标识系统，统筹管理"农户→管网→终端"的系统走向，并推行管网标识牌目视化建设，保证整个站点设施纳管区域内污水管道的分布、流向、类型更加清晰、可控；保证每个站点的污水管网更加直观；保证接户"三股水"一目了然，让更多老百姓了解农村生活污水治理工程，赢得群众广泛参与支持，真正把好事做好、实事做实。

（7）农村污水处理设施运维手册，保障标准化运维全覆盖

《建德市农村生活污水处理设施标准化运维操作手册》基于浙江省《农村生活污水处理设施标准化运维评价标准》（DB33/T1212 -2020），并结合建德市多年农村生活污水治理工作经验，听取乡镇、运维单位及运维人员多方的意见与建议，关注基层工作人员在运维工作中碰到的实际问题，形成的一本要点明确、言简意赅、方便携带的实用型手册，有助于乡镇开展农污设施运维工作、运维单位开展培训管理工作、基层运维人员进一步掌握和了解标准化运维相关基本要求和操作要点，为运维人员对农村生活污水处理设施进行规范化、标准化的运行维护（图9-10），加强全市农村生活污水治理工作，提前实现建德市标准化运维全覆盖提供有力保障。

图9-10　建德市农村生活污水处理设施运维现场

（8）经营废水规范治理

为规范管理经营废水的排放，乡镇与经营户签订《建德市农村生产经营排水户污水纳管协议书》，明确污水排入终端的排水经营户的权利和义务，并收取一定的排污处理费用。过程中建立精准补贴和节水奖励制度，强化排水经营户对自身义务的履行、对公共设施的参

与度，同时建立的补贴奖励制度可以平衡小型经营户的负担。为解决经营户隔油池清理难的问题，由乡镇、村委牵头，经营户与第三方运维公司签订《隔油池运维服务协议书》，按照每户每月 40 元的标准支付清掏费用，委托运维单位对经营户隔油池产生的油污进行清掏工作，保障隔油池的正常运行。两项举措并进有效规范了经营废水的排放，遏制了含油废水乱排放的行为，保障农污设施正常运行。

9.3.3　浙江南湖——“垃非”系统实现农村生活垃圾全流程数字化管理

浙江省嘉兴市南湖区以数据监管农村生活垃圾分类处理方式引领“垃圾革命”，经过全流程的数字化改造，量身定做激励和考核为一体的农村生活垃圾分类处理的“垃非”系统，实现对农村生活垃圾分类收集、清运、处理、资源化回收等全流程数字化管理，有效破解农户参与程度不高、分类准确率不高的难点，成功解决监管难、考核难的问题，提升了垃圾分类的工作效率。具体做法如下。

“垃非”App 于 2018 年 8 月中旬投入试用，10 月在全区推广，2018 年底前基本实现农村全覆盖，南湖区 34 个村的“垃非”使用率达 98%，日均投放率达 88.1%，日均自查率达 57.6%，分类准确率约 90%，农户参与率、分类准确率稳步提升。可直观掌握农户的参与和分类情况，进而辅以进户上门宣传，优秀户每月张榜表扬，引导形成全民参与的良好氛围。

（1）充分运用“互联网+新技术”让“垃圾去哪儿了”痕迹化

对第三方的收、运、处等环节进行可视化改造，首先每一个分类袋、分类桶、投放亭、中转房、收集车都有对应的二维码，实现分类设施身份化。然后将每次垃圾转移全部数据化，收集员每次收集都必须对垃圾扫码拍照，清运员每次清运都必须上传垃圾房照片并形成电子地图。同时对 4 类垃圾的收集处理量进行实时统计，电子报表通过 App 进行展示。通过可视化改造，把垃圾分、收、集、运、处全过程变成一个透明化展示平台，接受群众监督。

（2）深入开展农户激励措施的积分化改造

嘉兴市制定了《嘉兴市南湖区农村生活垃圾分类积分管理办法》，要求农村生活垃圾分类处理利用 App 管理积分奖励，引导农户参与垃圾分类。农户均按片（组）进行实名录入、每户确定一名联系党员。拍照上传即可赚取自查、被查和督查等积分；售卖可回收物，还可获得售卖积分和重量奖励积分。此外，可根据积分排名情况，获得相应月度、半年度和年度奖励积分。1 个积分等值于 1 分钱，所有积分都可到村里的积分兑换商店或者通过线上“积分商城”兑换日用商品。

（3）制定“一村一收、一镇一运、一区一处”的农村生活垃圾分类模式

嘉兴市编制了《南湖区农村生活垃圾分类工作制度汇编》，包括 1 个操作意见、2 张流程图、3 个工作办法、4 个工作职责、5 项管理制度，对垃圾分类的各环节、单位、人员进行了全面细化要求和制度规范。同时通过角色化改造、痕迹化管理，确保各项分类制度有效落实。12 类常用角色在 App 中都拥有不同权限，通过 App 的指引就能简便地完成各自的工作。各角色各司其职，分工合作，又互相监督，形成一个有机整体。角色化改造，让制度建设和软件配套有机融合，让整个分类体系既规范，又便于操作，一经运作便是常态化的。

（4）制定“周督查、月通报、季考核、年度评优”和“荐优督查、随机督查、末位督查”相结合的考核办法

建立垃圾分类长效机制，并针对不同的对象制定差异化的评分机制，开发电子台账，将考核要素指标化、定量化。农户和党员户通过分类积分进行排名，督查员通过督查率进行排名，第三方收集员通过工作率进行排名，各村根据户均分类积分、户均自查率、户均投放率、户均督查次数、准确率等积分排名，商家和中转房通过签到率、投放亭签到率、审核率等运维指标综合打分排名，各镇根据所辖村平均分进行排名。

（5）首创由政府、银行、回收公司、运维公司签署“四方协议”

明确各方权责利，对支付系统进行实时化改造。成功打通银行支付系统和“垃非”积分系统，一方面实现了农户积分实时消费、商家积分实时到账、回收公司积分实时支付的功能，最大程度地方便了各类用户；另一方面，实现各级政府和各类用户对积分和资金的严格实施监督，实现了资金流的网络监管，做到了提升效率和降低风险相结合。

通过全流程数字化改造及应用，南湖区有效破解了制约农村生活垃圾分类的难点、痛点，并积累了“网格长联片、督查员联组、党员联户”的“三联工作法”等工作经验，积极探索了农村人居环境整治的新抓手。

9.3.4　重庆沙坪坝——保留历史价值风貌，充分挖掘乡村景观特色

重庆沙坪坝三河村，在乡村景观规划中，充分发掘乡村的个性特色，融入生态文化、历史文化、民俗文化等元素，孕育出村落的独特气质与性格。整治后的村貌，红砖灰瓦，竹林掩映，篱笆藤蔓，步步是景，以盐堰路为轴，三河村已经形成以线串点、以点扩面的文化产业布局。

（1）保留历史价值风貌，个性与特色并重

三河村留下了重庆主城唯一的一座土窑“远山有窑”，将摇摇欲坠的老窑厂，通过采用当地的乡土材料，比如旧瓦片、木梁、老木板等设计改造为一个集手工制作与文化体验为一体的公共文化娱乐平台“远山有窑”，让这门传统的手艺在文化的包裹之下酝酿出更浓厚的芬芳，让人们可以尽情享受乡村气息。

（2）保护自然生态，展现乡村魅力

2017年，三河村一村民，流转了1 000亩土地打造萤火谷农场，用活菌和益生菌衍生成的酵素，将残留在土壤中的毒素降解；用原始石头、木板等修建农场里的咖啡厅、萤火虫教室；用碎石板拼接林荫小道；用各式竹编做成路灯的灯罩。农场同时打造蝴蝶乐园、昆虫花海、青蛙湿地等项目，开展亲子研学、团建、生态农业耕作等活动。

（3）提升村容村貌与改造闲置农房相结合

将闲置农房改造为民宿、咖啡书屋等。将村容村貌提升与绿化相结合，以实施国土绿化提升行动为载体，完成盐堰路的路边绿化工程、盐井沟绿化工程、茶美源茶山改造工程和公共区域绿化美化工程，三河村新增绿化面积约6万平方米，完成70户农村旧房改造和55户庭院绿化整治。通过政府补贴，农户将自己的房子翻新整改，建设“随缘农家庄”，凭借靠近萤火谷的地理优势，旺季的月营业额可达4万元。

（4）加强制度创设，启动“三变”改革试点

在“三变”改革之前，村里的土地，多数闲置。2018 年初，三河村对集体资源、资产等进行清产核资，根据村民共同协商制定的方案，进行确权确股，并邀请农业专家走进村庄开展常态化培训，让村民掌握一些实用的现代农业生产技术，实现由传统农民向职业农民的转变，推动实现农业强、农村美、农民富的目标。

9.3.5 广东从化——厕所、污水、垃圾多角度推进农村人居环境综合整治

从化区是粤港澳大湾区北部生态核心区和广深全面战略合作的北部重要生态腹地和农业农村发展腹地，全域面积 1 984.2 平方千米，下辖 5 镇 3 街共 221 个村委会和 55 个居委会，户籍人口 63.4 万人，素有广州“后花园”和“北回归线上的明珠”美誉。近年来，从化区对标中共中央办公厅、国务院办公厅印发的《农村人居环境整治三年行动方案》要求，把农村人居环境整治作为实施乡村振兴战略的重要抓手，积极探索具有广州特色的超大城市乡村振兴之路，不断开创“三农”工作新局面，乡村振兴示范区建设迈出坚实步伐，先后承接国家城乡融合发展试验区广清接合片区、全国乡村治理体系建设试点示范区、新时代文明实践中心全国试点区、国家水系连通及农村水系综合整治试点县等国家试点任务，获评“中国十佳绿色城市”，环境竞争力连续 4 年蝉联广州市各区榜首，旅游综合竞争力已连续 9 年在全省 67 个县（市、区）排名第一。

（1）大力推进农村“厕所革命”，以“小厕所”体现“大民生”

一是优化服务功能。对标新版公厕“国标”，高质量推进 118 座岭南风格的装配式乡村公厕建设，优化男女厕位比例，设置红外感应设施、无障碍卫生间、“第三卫生间”等便民服务设备，满足群众个性化和人性化如厕需求。二是加大管护力度。制定《从化区乡村公共厕所管理制度》，把乡村公厕后续维护管理纳入村级环卫保洁范围，建立“12 小时”保洁制，配备专职人员对公厕进行维修保养和清洁作业，确保做到“四净三无两通一明”（地面净、墙壁净、厕位净、周边净，无溢流、无蚊蝇、无臭味，水通、电通，灯明），打造更干净更整洁的如厕环境。三是强化智能指引。依托广州公厕云平台、百度地图等，大力推进乡村公厕上图工作，提供公厕分布、位置导航、公厕状态查看、如厕评论、问题反馈等精细化便民服务，实现一键找公厕、用公厕、评公厕，以“小厕所”体现“大民生”。四是坚持党建引领。坚持以党建引领破解“邻避”问题，发动村干部、党员干部、乡贤、宗族长者带头宣传引导，先行在党员干部住所附近建设乡村公厕，带动群众转变观念、消除顾虑。推动镇村办公场所厕所对外开放，免费开放村委、党群服务中心等 90 座内设厕所，有效解决乡村旅游游程“找厕难、如厕难”问题。

（2）因地制宜打造农村生活垃圾分类标杆片区

一是示范引领带动。深化 14 个市级农村生活垃圾分类资源化利用标杆示范村创建，通过开办“美丽银行”“美丽超市”、建立垃圾分类红黑榜、开展“五个最美”评选活动等形式，奖罚并举引导村民告别“一袋装”“一桶倒”传统处置方式，示范引领生活垃圾分类新风尚。二是探索特色模式。制定农村生活垃圾分类工作流程指引，因地制宜推广“户分类+上门收集”“定点投放”等形式，形成“一个回收驿站+二级模式管理+三个回收机制+四类标准设施+五个保障机制”的农村生活垃圾分类“12345”特色模式。三是完善配套设施。升级改造农

村生活垃圾分类基础设施，推广 240 L 塑料分类收集容器和 10 L 家庭分类收集桶，实现分类收集容器农村全覆盖。着力优化收运路线，加强收运车辆配备，规范收运流程，做到“定时、定人、定车、定线路”收运，实现全区 221 个行政村、2 751 个经济社农村生活垃圾“一日一清”。四是健全处理体系。加快农村生活垃圾终端处理体系建设，搭建第七资源热力电厂、区大件物处理中心等回收处理设施平台，推动农村生活垃圾减量化、资源化、无害化处理。

（3）大力发展循环经济推动生活垃圾减量化、资源化

一是完善回收体系。建立“区—镇（街）—村（社区）”三级可回收物回收处理体系，建设便民再生资源回收点、中转站、区域分拣中心，推广“穗回收箱”“智能回收箱”，组织再生资源回收站对小型生活垃圾分类驿站“点对点”服务，实现可回收物回收利用与生活垃圾收集、运输、终端处置等环节无缝对接。目前，全区共有各级各类再生资源回收站点 128 个。二是优化收运模式。多渠道组织收运，每周开展“资源回收日”活动，规划设立开放式社区固定便民回收点，提供封闭式小区资源回收服务，探索特色小镇垃圾分类“美丽银行”模式，线上推广“社区环保回收”项目，推动 2021 年 1—10 月再生资源回收总量同比增加 3.3 倍。三是强化行业监管。开展再生资源回收行业综合整治，重点整治无证收购、违规收购等现象，督促指导企业落实电子废弃物、报废车回收拆解等环保工作要求，促进行业健康规范发展。近三年共关闭不符合条件或经营不善的回收站点 53 家。

（4）深化生活垃圾分类“农村模式”

一是强化源头分类。推行农村生活垃圾“源头两分、整村四分”，在农户家中将垃圾分为厨余垃圾和其他垃圾，在村中设置有害垃圾和可回收物收集点，通过开办“美丽银行”“美丽超市”、建立垃圾分类红黑榜等形式，引领村民提高生活垃圾分类精准率。二是优化回收服务。深化生活垃圾循环利用，建成 128 个再生资源回收站点，提供“环保回收”预约上门服务，持续举办资源回收日活动，构建城乡一体的“人工+智能、固定+流动、定时+预约”回收服务网络体系，提高农村生活垃圾减量化、资源化、无害化水平。目前月均回收量约 8 000 吨。三是提升处理能力。提高垃圾处理能力，依托第七资源热力电厂、黑水虻生物处置中心、厨余垃圾脱水减量设备设施、大件物拆解中心等，建成以焚烧处理为主、生物质处理为辅的终端处理体系。四是加强宣传教育。开设农村垃圾分类知识科普宣教室、科普长廊，开展“小手拉大手”和“抖音”短视频征集比赛等活动，引导 10 所生活垃圾分类样板学校建设“二手书”交易平台，推动垃圾分类成为新时尚。

（5）深入推进农村生活污水治理初步实现自然村全覆盖

一是加强统筹。制定《从化区农村生活污水治理自然村全覆盖实施方案》《从化区农村污水建设作战图》等，实现各镇、村污水设施建设任务、进度、责任单位等“一张图”管理，成立专业指导队“蹲点式”推进农村生活污水设施建设，推动初步实现农村生活污水治理自然村全覆盖。截至目前，已建成农村生活污水治理设施点 1 258 个、管网 1 050 多千米，雨污分流和终端设施建设基本完成。二是优化工艺。遵循“污水减量化、分类就地处理、循环利用”理念，因地制宜选用“格栅+沉砂池+水解厌氧池”“格栅+沉砂池+水解厌氧池+人工湿地”等处理工艺，在有条件的地方逐步推行“生物接触氧化+浸没式超滤 MBR”等一体化设施处理工艺，实现农村生活污水就地收集、就地处理，推动农村污水收集率从 2016 年的 38%

提升至2020年90%的全国领先水平。三是强化管护。出台农村生活污水治理设施维护管理指导意见，建立区、镇（街）、村和第三方专业服务机构“四位一体”运行维护机制，推广应用农污“巡检App”平台，实现农村污水治理项目维管专业化、市场化、智能化，确保农村生活污水一“管”到底。

9.4 国外乡村环境治理经验对我国的启示

结合我国乡村环境治理的发展现状，分别从治理理念层面、政策法律层面、治理技术层面、运维管理层面提出对我国乡村环境治理的启示，并提出符合我国乡村环境治理实际发展需求的治理意见与建议。

9.4.1 治理理念层面的启示

（1）绿色可持续发展理念

绿色可持续发展理念可系统归纳为经济增长、社会包容以及环境保护三方面内容，强调更多地与环境容量取得有机的协调，实现人与自然的和谐共生。绿色可持续发展理念是国外乡村环境治理工作的重要理论指导思想，主要经验和启示包括以下几个方面。

①持续推进乡村人与自然和谐发展

国外非常注重人与自然和谐发展，美国在乡村规划中特别强调乡村景观的生态价值和文化价值的相互融合，旨在建立一个经济发展与环境保护相互平衡的可持续发展的乡村社区。美国在乡村景观规划设计中结合可持续发展的理念，将部分用地提前预支并且对未来建设项目进行远景设计，为可持续发展提前布局。日本在乡村景观规划时，注重乡村景观的保护，既提升了土地的农业生态价值，也提高了乡村景观的品质特征，同时为开发乡村特色旅游、创造可观的经济效益奠定了基础，满足了多维度的综合发展要求。

就我国实际情况而言，党的十九大报告指出：“我们要建设的现代化是人与自然和谐共生的现代化，既要创造更多物质财富和精神财富以满足人民日益增长的美好生活需要，也要提供更多优质生态产品以满足人民日益增长的优美生态环境需要。”党的二十大报告提出：“尊重自然、顺应自然、保护自然，是全面建设社会主义现代化国家的内在要求。必须牢固树立和践行绿水青山就是金山银山的理念，站在人与自然和谐共生的高度谋划发展。”我国乡村环境治理工作涉及面广，工作量大，要统筹考虑人居环境和生产环境，建立统筹协调的治理政策。坚持问题导向、目标导向和效果导向，针对不同发展阶段的主要问题，制定针对性解决方案和阶段性工作任务，分区域、分类型、分重点推进，实现乡村绿色协调可持续发展。我国应以习近平总书记关于做好“三农”工作的重要论述以及“绿水青山就是金山银山”、城乡统筹发展等理念为引领，把可持续发展、绿色发展理念贯穿于改善乡村环境治理各阶段各环节全过程，认真及时贯彻中央决策部署，准确把握乡村发展规律，切实把“千万工程”作为推动乡村全面小康建设的基础工程、统筹城乡发展的龙头工程、优化乡村环境的生态工程、造福农民群众的民心工程，为增加农民收入、提升农民群众生活品质奠定基础，为美丽乡村建设注入动力。

②构建绿色安全、低碳循环乡村产业体系

从国外乡村的发展方式来看，乡村发展要走生态绿色循环发展、区域与产业融合发展和市场化发展之路。从国外乡村产业形态发展来看，未来乡村产业要建设成为生态友好型产业、质量安全型产业、资源节约型产业。发挥乡村产业的多功能性，最大限度满足社会的需要，实现生产供求的基本平衡与良性发展。

结合我国国情来看，在乡村环境治理工作中应注重调整乡村农业产业结构，实现乡村经济的可持续发展。以绿色发展引领乡村产业革命，必须通过发展高新技术、提升生产效率、调整产业结构、促进产业生态化、增进循环经济和低碳经济发展等方式实现。发展绿色安全、优质高效的乡村产业体系，必须明确农业供给侧结构性改革的方向，创新相关体制机制和制度保障，增强供给体系对需求体系的动态适应能力要求，增加有效供给、减少无效供给，坚持质量兴农、绿色兴农，以推进农业乡村产业体系、生产体系和经营体系建设，构建具有中国特色的生态文明体系，促进经济社会发展全面绿色转型，建设人与自然和谐共生的现代化。

当前我国乡村产业形态不断丰富，农业文化、农业教育、农业旅游、乡村康养、乡村电子商务等产业快速发展。各地依托乡村资源，发掘农业与乡村新功能、新价值，培育新产业、新业态，县、乡（镇）、村特色产业综合体不断显现。区域特色是特色产业的基础，通过积极创建"一村一品、一乡一业、一县一特"，乡村产业特色成为乡村区域特色的重要内容。以乡村资源禀赋和独特的历史文化资源为基础，根植于农业乡村、由当地农民主办、彰显地域特色和乡村价值的乡土经济活动。例如特色粮油、特色果蔬、茶叶咖啡、食用菌、中药材、特色畜禽、特色水产、棉麻蚕桑、林特花卉等特色种养业和乡村食品、酿造、纺织、竹编、草编、剪纸、风筝、陶艺、木雕等特色手工业。此外，可以将乡村元素融合发展，创新休闲旅游、现代康养等新产业、新业态。

（2）多元主体共治理念

多元主体共治理念的经验及启示主要体现在以下几个方面。

①坚持村民参与共治，强化以人为本理念

不少欧洲国家积极倡导民众参与乡村景观的建设与管理。通过引导社区民众组建公益性组织，搭建机构平台，让民众有机会参与到乡村景观的政策制定与规划建设中，极大地调动了村民的参与热情。在欧洲乡村景观建设中，以人为本的理念早已深入人心，成为政府具体政策制定和规划方案实施的重要出发点。荷兰政府根据乡村居民的生活习惯，建立一系列的乡村环境保护基础设施，最大限度满足村民的生活需求。从发达国家和地区的经验看，公众参与对于环保决策、管理具有重要的监督作用，是一种集思广益的管控体系，也是民众知情权、参与权、监督权的一种体现。

在我国，乡村环境改善是改善民生、造福百姓的惠农工程，农民是乡村环境治理的主要参与主体，在乡村环境治理工作中起着不可替代的作用。我国应进一步加强宣传引导，积极宣传国家环境保护相关方针政策、法律法规，加强环境法制宣传，充分调动农民的积极性，突出群众主体地位，增强农民的生态文明意识。具体可从以下几个方面引导农民群众自主参与乡村环境治理工作。一是方案共谋。要搭建村民与基层政府对话渠道和相互交流的公共平台，尊重并听取村民意见和建议，找准乡村环境治理的突出问题，根据村民需求确定整治优先次序和标准，形成集中村民共识的环境整治方案。二是项目共建。发动村民参与乡村环境治理工程项目建设，为环境整治项目顺利推进和实施提供支持，为设施后期管理奠定群众基础。三是环境共管。政府要健全乡村生活垃圾处理、污水治理技术等标准规范，建章立制，明确乡村环境改善基本要求、政府责任和村民义务，坚持建管并重，构建乡村环境管护长效机制。四是成果共享。通过共谋、共建、共管，让村民切实参与到环境整治行动过程中，实现村民共享乡村环境治理成果，提升村民生活质量和健康水平。

②推动企业运营发展，实现多元共赢共利

美国和日本的分散式乡村生活污水处理主要依靠第三方公司。日本在乡村污水治理的建设与运行中也广泛采用第三方服务的模式，由具备资质的公司生产设备和其他配件，由专门的公司和经过培训的人员分别负责系统的安装、维护检修与运行保障工作，确保了乡村生活污水治理的建设、运行与维护的质量。美国和欧洲生活垃圾收集处理同样以依靠公司运行为主。

从我国国情来看，近年来，我国政府针对乡村环境治理前期，城乡差别和地区差别大，乡村环境治理底子薄、欠账多、公益性强，设施建设资金需求量大，后期运行管护资金不足，金融支持和社会资本参与意愿不强，重建设、轻管理现象严重。针对这些具体问题，我国逐步探索实践了由环卫部门管理、专业公司提供服务的管理模式，不断加强市场化运作。经过数十年的努力，针对乡村生活垃圾、生活污水、乡村厕所粪污处理等治理问题，我国主要采取城乡统筹、整县打包、建运一体等多种方式，引进专业化企业等第三方承担乡村垃圾收运处理和生活污水设施运行维护，形成常态化、可持续的环境治理机制。我国采用政府主导下的市场化模式，采用 BOT、PPP 等模式进行建设，在弥补政策资金不足的同时，保证企业获得稳定的合理收益。同时，加强市场准入，完善退出机制，实现全过程监管，探索引进第三方机构，开展对服务质量的监管和审计工作。充分发挥市场机制配给资源，鼓励企业与个人投入乡村环境的保护行列之中，不但能够达到发展生态农业系统、环境保护的总体目标，还能实现多方共赢的良好局面。

(3)循环经济发展理念

①树立循环经济发展理念，提升群众循环再利用观念

国外垃圾处理经验注重 4R 模式，即先减量(Reduce)，再重复利用(Reuse)，后分类再生循环利用(Recycle)，最后进行能源回收利用(Recover)，对垃圾从产生到消亡的全过程均进行绿色环保处理，真正体现了循环经济发展理念。我国乡村环境治理应持续增强循环经济发展理念，依靠科技创新，致力循环经济，全面打造垃圾、污水、改厕等方面的全产业链条，构建前端“精准化”督导、中端“规范化”收运、末端“资源化”处置的全链条治理体系。建立乡村人居环境整治监督管理“一张网”，为乡村环境治理精细化管理提供信息化支撑。同时，加大力度开展农村生活污水、生活垃圾、粪污资源化利用等方面的宣传引导，激励农民树立循环经济发展理念，提升民众资源化再利用等循环经济发展意识。

②构建循环经济产业链，完善乡村循环经济发展机制

为减轻固体废物对环境的污染，减少资源消耗，德国大力发展循环经济，坚持精细分类，科学处置，不断配套和完善垃圾处理设施，积极探索一体化管理。经过多年的努力，德国形成了完善的乡村循环经济发展机制，构建了符合本国国情的循环经济产业链，使德国垃圾真

正实现“循环”成资源。此外，美国和日本均具体从建立并完善法律制度、发挥企业的主体作用、重视科技创新的开发、合理运用限制性和鼓励性经济措施等方面促进循环经济发展，积极推广循环经济体系，促进人与自然和谐相处。

对于我国乡村环境治理而言，构建完整配套的产业链同样能够实现循环经济的最大经济效益。我国政府可将乡村污水治理、垃圾处置、厕所改造纳入乡村人居环境整治的整体格局，实施“源头控制、过程治理、末端利用”，根据“轻处理，重利用”的治理思路，以乡村改厕、污水收集为源头控制；以打通村内水系，实施雨污分离、黑灰水分离，发挥村内沟渠、坑塘的净水功能，发挥农户房前屋后、村内闲置土地的蓄水和污染吸纳功能，开展乡村水环境的过程治理；以建设生态庭院和美丽田园为末端利用，实现乡村污水治理、垃圾处置与生态循环农业发展、乡村生态文明建设有机衔接，构建生产生活一体化模式，实现乡村人居环境整体改善。

9.4.2　政策法律层面的启示

（1）健全乡村环境治理法律体系

国外发达国家针对乡村生活垃圾分类、收集和处理以及生活污水处理和污染防治制定了较为完善的法律法规和标准规范。如美国制定了《清洁水法案》《固体垃圾处理法》《资源保护及资利用法》以及《污染防治法》等法律法规。日本专门针对净化槽制定了净化槽系列法案，构建了比较完善的污水治理体系。可见，完善的法律法规是治理乡村环境问题的重要依据，只有以法律的形式，明确各主体的责任，才能确保乡村环境持久性改善。

我国乡村环境治理早期与农业乡村废弃物、生活污水等相关的法律法规主要参照工业点源污染进行制定，近年来，随着环境执法问题的不断出现，我国政府已从已有法律法规执行和可操作性强的法规政策完善等方面入手，按照因地制宜的原则，完善乡村环境治理法律体系。从立法层面对涉及乡村环境保护、资源节约、污染治理等问题，进一步加强城乡一体化的立法保障，补齐乡村环境治理的法律短板。同时推动制定乡村人居环境整治条例，对《环境保护法》等关于乡村人居环境整治相关的条款进行进一步细化实化。明确奖励机制、投入机制、监督考核机制，建立系统化、具体化、可操作的规定，明确国家、地方政府、市场服务主体、农户等具体责任和处罚条款，增强村民参与环境治理的积极性和环境保护意识。逐步把乡村环境保护纳入国家法制化管理体系之中，各地政府要配套建设一批具灵活性、可操作性的地方性乡村环境保护法规和标准，确立并完善制裁与惩罚体系，明确地方各个部门的监督管理责任，使各项乡村环境法律法规在执行上能够统一，做到责权清晰，有法可依，推进乡村环境治理工作的高效有序进行。

（2）完善乡村环境治理相关政策

①完善乡村环境治理资金政策

加大政府财政资金支持力度。乡村环境治理公益性强，是德政工程、民心工程，需要国家加大投入。乡村基础设施建设投入大，专业性较强，村镇政府、农户缺乏有效的资金支持和技术知识储备，难以科学合理地解决环境问题。发达国家在乡村环境治理过程中，均非常重视对环保资金的支持力度，以促进农业和乡村环保的基础设施建设。美国、日本在乡村环境治理中的资金由国家、地方政府和居民三方共同承担。美国政府出台了一系列配套政策，如社区污水系统综合管理计划，提供资金支持分散污水系统的长期维护，从而有效保障了分散式污水处理系统的有效运行。欧盟地区的建设资金是由欧盟筹措、各成员国共同出资、由欧盟共同管理的方式。可见，政府在乡村环境治理工作中起到主导作用，在财政资金投入层面应加大资金投入力度，加快推进乡村环境治理工作。

构建乡村环境治理资金保障体系。就乡村污水处理而言，美国政府引入社会资本，其支持手段逐渐从单一的财政补贴向与市场结合的多种支持形式转变。主要通过联邦政府、EPA、金融机构、私人实体、民间组织等多种途径保障分散式污水处理系统的资金来源，才有效保障了环保设备的高效运行。

由此可得到启示，我国可充分发挥社会资本作用，优化政府资金的投入方式、方向、结构，通过政府主导、市场运作、社会投入、村民参与等方式建立长效稳固的资金保障体系，多渠道筹措资金，从而保障污水处理系统的正常运行。具体措施包括：一是我国可建立乡村环境治理资金多元投入机制，具体包括建立严格的公共财政投入机制，建立有效的资金投入引导机制，建立适当的城乡环境共建机制，建立相应的资金投入保障机制等；二是设立专项资金支持乡村改厕、垃圾污水处理等重点领域，明确专项资金对基础设施运维管理的支持政策，发挥财政资金保障作用；三是加强对基础设施运维资金的监督管理，严格做好资金资助的审查评估工作，确保将资金用到实处；四是发挥市场化作用，充分利用社会资本，通过PPP、BOT、TOT 等模式解决资金短缺难题；五是通过企事业单位结对帮扶，社会人士及志愿者捐资捐物，或乡镇、村民自筹等方式增加资金来源；六是引导金融信贷资本支持乡村环境治理工作，推动农发行、国开行等政策性银行制定优惠政策，采取贴息等方式，提供乡村振兴长期低息贷款，鼓励商业银行设立支持乡村基础设施投资贷款，支持地方乡村人居环境整治、村庄公共基础设施建设。

②建立有效的激励和奖惩机制

国外乡村环境治理中针对垃圾处理、污水治理以及废弃物处置等方面主要采取相关激励和奖惩机制，通过合理的激励和惩处方式，提升农户参与度，进而实现乡村环境中各项污染源头减量。例如，美国通过补贴的方式引导居民安装分散型污水处理系统；日本制定了按垃圾数量收费的计量收费制、按人口或家庭为单位的定额收费制、按照某些垃圾是否超过一定数量来收费的超量收费制，通过这三种垃圾收费制的实施，日本乡村垃圾治理取得了明显的效果；瑞典采取税收鼓励企业延长产品使用周期、减少维修业税收等经济措施，从源头上减少了垃圾的产出。在美国、日本等国家，乱扔垃圾有可能被追究法律责任。完善的法律体系，多渠道且稳定的资金来源，有效的激励和奖惩机制，促使美国、日本等国家在乡村环境治理方面成效显著，乡村环境优美宜居、整洁有序，乡村居民的环境保护意识普遍增强。

我国可根据具体情况建立相应的激励和奖惩制度，出台相应的经济政策鼓励企业和农村居民实现垃圾、污水减量化、资源化，充分发挥政府主导、社会参与以及村民主体作用，不断完善我国乡村环境治理奖励和惩处具体细则，实现有效的激励和奖惩，激发农民参与积极性。

9.4.3　治理技术层面的启示

（1）提升传统乡村环境治理技术

国外发达国家相当重视传统环保技术的发展与创新，经过长期的探索与实践，美国、德国和日本均拥有了成熟的垃圾处理技术。生活垃圾处理方面，美国在原有传统的堆肥、焚烧、卫生填埋处理方式的基础之上，经过近些年的快速发展，实现了新的技术突破与创新，研发了利用螺虫堆肥修复被油污染的土壤、利用填埋气体发电等新技术。德国以热处理技术为主要手段，采用机械生物处理技术、干燥稳定技术等新技术来处理生活垃圾。日本一直以来都非常重视生活垃圾处理的新技术、新方法的研发，近年来，大力开发生活垃圾的生物处理技术，旨在使生活垃圾由废物转变为财富。此外，国外发达国家对厕所改造关键技术的研究也取得了巨大突破。英国研制出了一种基本不用水冲，也不需要与排污管道相连的新型厕所，可通过生物技术将粪便转化为二氧化碳、水和有机肥。日本研发的一体化污水处理净化槽设备已广泛应用在日本乡村地区。

综合我国乡村环境问题来看，我国可进一步加大对乡村环境治理工作的国家科技支撑力度，具体针对目前我国乡村环境存在的典型问题，重点开展乡村规划、宜居村镇基础设施建设、乡村垃圾、污水治理与新能源利用、传统村落与传统建筑景观保护利用等方面的研究，设立重点专项，并加强专项资金支持，推动乡村环境治理技术的创新和应用。此外，在国内选择优势单位，组建全国乡村环境治理工作的技术专家服务团，分区域、一对一地开展技术指导。专家服务团全程参与乡村环境治理工作，包括规划方案的科学论证、实施工程的技术指导，工程竣工后的验收评估等，推动乡村环境治理技术的指导与实践。

（2）创新乡村环境治理技术模式

随着社会科技的不断发展，国内外乡村环境治理技术模式也在不断提升优化。国外在乡村环境治理中不断提升科技创新能力，创新乡村环境治理技术模式，积极推广成熟技术模式的广泛应用，以提高乡村环境治理水平和成效。美国针对住户分散、污水管网不完善、资金薄弱、管理水平相对落后的乡村地区，结合当地条件，积极开展乡村分散式污水处理系统的技术创新，开发了灵活多样的技术工艺，实现了污水就地处理和就地回用，减少了排水管网的基建费用和运行费用，该模式得到了美国政府的有力支持而被广泛应用。美国还制定了分散式处理系统的长期发展战略。德国在没有接入排水网的偏远乡村建造先进的膜生物反应器，把雨水和污水分开收集，通过先进的膜生物反应器净化污水。韩国针对乡村居民居住分散、生活污水不适合集中处理等问题，采取分散式污水处理、湿地污水处理系统处理农村生活污水，该技术模式在韩国乡村得到广泛应用。

我国乡村环境治理技术可谓突飞猛进。近年来，在生活污水处理、生活垃圾处置、粪污利用等技术模式的创新研发与应用示范方面取得了重要进展，尤其注重推广符合当地实际的低成本、低能耗、高效率、免管护、少管护的技术模式，创新技术工艺，因地制宜，因村施策制定乡村环境治理技术规范和指南，以实现资源化利用。例如，针对只有生活污水接入的乡村生活污水系统，可采用以土地处理为主的现场污水处理模式；如果村庄土地紧张或污水成分复杂，则可采用以处理单元（生化或过滤）为主的处理模式；如果用地紧张又无其他废水进入的村庄，可以采用土地处理与处理单元（生化或过滤）相结合的处理模式。同时不断优化生活垃圾处理技术，针对垃圾焚烧技术进行技术优化，不断优化提升焚烧处理比例，改进传统垃圾处理方式，提高生活垃圾处理能力，注重垃圾转化能源效率，实现有效资源再利用。厕所改造方面，以乡村厕所粪污的就地处理和就地利用为导向，推行免管护、少管护的改厕技术，引导乡村改厕工作向系统化设计、一体化实施、综合化管理转变。例如在适宜的自然村落实施雨污分离，利用三格化粪池处理厕所粪污，在菜地中修建粪污收集池，统一收集各家化粪池出水并深度处理，随后用于蔬菜灌溉和施肥，既解决了乡村水污染问题，又节水节肥。

（3）构建乡村环境大数据平台，推进乡村环境智能化管理

乡村环境治理应与时俱进，国外在乡村环境治理中积极利用智能化管理，构建乡村环境治理大数据平台，是实现乡村环境数据化管理服务的重要途径。例如美国在乡村环境污水治理方面利用信息化手段对分散式污水处理系统的建造、运行、维护、更换等费用进行充分论证，对其整个运维周期全过程信息进行追踪管理，智能化管理极大降低了运营成本，提升了运维管理效率。资金使用方面，美国通过利用信息化手段对拟资助分散式污水处理系统进行可行性分析，减少了资金的浪费。

建设数字乡村既是乡村振兴的战略方向，也是建设数字中国的重要内容。我国可充分利用大数据分析手段，将分散的乡村环境治理数据转变为信息资源，实现对数据的全方位采集、统计、分析，提高乡村环境管理工作能力，实现管理的智能化、精细化，为管理工作提供精准、科学数据决策支持，为乡村环境监管和辅助决策提供支撑。例如可利用智慧大数据探索“互联网+”在垃圾分类中的应用，制定垃圾分类效果的评价标准和奖励机制，加快居民垃圾分类投放习惯的培养，降低垃圾分类回收成本，提高垃圾分类效率。

此外，还可针对乡村环境治理的各项具体内容开展以下措施：一是建立包含相关政策、法律法规查询的信息平台，可及时发布、更新、查询相关信息；二是建立包含技术指导专家库、技术标准与规范、技术示范案例等模块的技术信息平台，扩大技术推广应用影响力，提升示范带动效果；三是建立包含环保处理设施建造、运行、维护、更换、监管等全过程运营信息的数据管理平台，加强对环保处理设施的监督管理，高效保障设施运维质量。通过全方位开展乡村环境全覆盖监管与信息查询工作，重点做好村庄内的垃圾整治、乡村生活污水治理、乡村旱厕改造、村容村貌整治等相关内容的监测与管理，以全面评估乡村环境治理工作的实施成效。

（4）构建乡村环境治理技术标准体系

标准规范是科学指导乡村环境治理工作、推动行业进步和产业发展、有序推进乡村环境治理的重要手段。20世纪末，欧洲颁布了乡村生活污水处理标准，包括了黑水（粪水）的处理规范。德国柏林制定了完善的分类法律法规、出台了细致的垃圾分类标准。美国乡村分散式生活污水处理技术规范和标准具有精细、全面、实用等特点，主要体现在美国EPA针对不同州和地方、部落特点制定了符合当地实际的技术标准，且针对政府人员、技术人员、监督管理人员、户主等不同群体出台了实用的技术指导性文件，为农村生活污水处理提供了规范有效的技术保障。

现阶段，针对我国有关乡村环境治理的技术标准规范极为缺乏、乡村环境治理技术应用和产品选用存在盲目性等问题，我国应尽快建立健全以乡村厕所革命、乡村生活垃圾和生活

污水处理、村容村貌提升为重点的乡村环境治理标准体系。国家层面应站在全局高度，从乡村污水治理技术、乡村垃圾处置技术、乡村厕所改造技术、乡村人居整治工程管护机制、乡村人居整治工程效果评估等方面，制定统领性的国家技术标准；地方层面应站在区域角度，因地制宜制定相关技术标准，从摸清底数、制定方案到最后建成运行等各个环节，按不同技术路线，编制成相应的标准化操作规范和操作指南，形成操作手册和作业指导书。注重标准先行，提升乡村环境治理过程的标准引领性和区域适宜性。此外，我国还应统筹协调各方力量，加快补齐乡村环境治理标准体系短板，加大推动标准实施推广，提升相关主体和人员实施应用标准的能力和水平，引导行业持续健康发展，为相关标准规范的长期适用性做好充分保障。

9.4.4　运维管理层面的启示

有效的运营管理能够巩固乡村环境治理的阶段性成果，对实现乡村环境治理目标起到事半功倍的效果。美国提出乡村分散式污水处理系统的运行是否成功在很大程度上取决于对于污水处理系统的建设、运行、维护是否恰当。因此美国非常注重各级政府对分散式污水处理系统运行维护的正确引导，通过建立合理的基础设施建设—运营模式、提升维修人员的专业技能、调动户主的主体能动性等措施，充分发挥各参与主体的重要作用，全方位保障分散式污水处理设施的高效运行与维护。日本乡村环境综合治理运维管理主要以较为完善的法规政策体系为保障，以精准的财政补贴为资金支撑，通过建立科学的规划和技术标准体系，规范行业和市场服务体系，加大环境宣传教育等方式推动乡村环境运维管理。英国在乡村景观保护过程中主要通过制订管理计划、加大管理宣传、提升公众参与度、健全政策与法律、提供资金支持等措施加强对乡村景观的管护。可见，成熟有效的运维管理措施是推动乡村环境治理制度化、规范化、常态化和全域化的核心保障。

目前我国乡村环境治理在生活污水处理、生活垃圾处理、厕所改造等方面取得了一定的成效，为进一步巩固治理成效，达到预期治理目标，我国可从乡村环境管理机制、监督机制、投入保障机制、组织保障机制、宣传引导机制、运维管护长效机制等方面探索符合我国乡村发展实际的运维管理模式，具体启示如下。

（1）建立常态化乡村环境管理机制

全面建立乡村环境网格化监督管理体系，全面实施推进乡村环境网格化监管体系建设，将乡村生活污水处理、生活垃圾处置、村容村貌提升等方面全部纳入监管范围，实时监测乡村环境治理基础设施的运行、管护情况，夯实乡村环境保护和治理工作。同时，建立完善的乡村环境基础设施管护台账和运维管理制度。我国应通过合理的政策，支持多种经营模式相结合的专业运维服务，保障充足的运维资金，以保证乡村环境治理基础设施持续稳定地发挥其应有的效能，形成常态化乡村环境管理长效机制。

（2）完善乡村环境治理监督机制

①强化舆论监督作用

为有力推进乡村环境治理工作，完善乡村环境治理舆论监督机制，可开展多形式、多层面的舆论监督工作，营造人人支持、人人参与的良好社会氛围。指导完善村规民约、卫生公约，强化舆论监督，调动群众参与农村环境整治的能动性和做好常态卫生保洁的积极性，建立各镇村环境常态化明察暗访机制。建立通报制度，及时督促整改，严肃追究问责，实现明察暗访工作的规范化、常态化。同时对措施得力、整治成效显著的部门、单位和村居予以表彰奖励，督促重视不够、举措不力、进展缓慢的相关人员和相关部门进行改进，确保乡村环境得到显著改善。

②制定考核评价体系

针对乡村环境治理各项内容，坚持“公开、公平、公正”的原则，按照考核与管理分离原则，构建乡村环境卫生管理考核评价体系。具体可由县级负责全县农村人居环境治理监督并建立运行的督查指导机制，各乡镇成立环境卫生督查考核小组。积极探索乡村保洁有偿收费制度，采取政府投、乡镇帮、村级为主的方式，确保乡村环卫整治和保洁工作有经费保障，不断激励村级基层乡村环境治理的积极性。

（3）构建乡村环境治理投入保障机制

①加大财政资金支持

各级政府聚焦农村厕所革命、农村生活污水治理、农村生活垃圾处理等影响乡村环境治理的重点工作，进一步加大乡村环境治理资金的投入力度，优化支出结构，加大支农投入。积极探索建立财政资金的绩效评价体系以及结果导向配置财政资金的绩效管理机制。

②鼓励社会资本进入

环境治理的经济收益周期长且效益小，乡村环境保护的资金主要以政府长期以来的资金投入为主体。但乡村环保基础设施建设与运营需要长期大量的资金投入，财政资金有限，由政府负责所有基础设施的建设、维护、清理、检查等方式，投资成本较大，政府财政压力过大，无法保障环保设施的长效运营。因此应充分利用市场运营（例如承包给专业服务公司）吸纳社会资本进行运作。

（4）建立乡村环境治理组织保障机制

乡村环境治理工作是乡村振兴战略的重点工作，因此，在落实乡村环境治理的具体工作时，要始终坚持中国共产党的领导，建立省、市、县、镇和村党政一把手责任制，坚持高位推动，将乡村环境治理工作纳入为群众办实事内容，明确各部门责任分工，集中力量办大事。建立完善以基层党组织为领导、村民委员会和村务监督委员会为基础，集体经济组织和农村合作组织为纽带，其他经济社会组织为补充的“一核多元”村级组织体系。注重强化乡村党员干部的执行力、战斗力和号召力，广泛推行驻村联户、结对帮扶，发动群众，依靠群众，帮助解决群众所需所求。

（5）加强乡村环境治理宣传引导机制

要加强乡村环境治理宣传引导机制，可充分利用报刊、广播、电视等传统媒体以及微信、微博、网络直播平台等新兴媒体，在全国大力宣传乡村环境治理的重要意义、总体要求和主要任务，积极宣传好典型、好经验、好做法，广泛宣传环境科学知识和法律法规。提升人民的文明素质和环保意识，在全社会倡导建设美好人居环境，努力营造全社会关心、支持、参与乡村环境治理的良好氛围。在乡村地区实行环境保护的宣传教育计划，配合理解和支持环保部门的工作，形成一种环保的良好氛围。按照分区分类原则，定期组织专家培训队伍，举办区域性、全国性的培训班，利用网络直播平台，定期开通网上培训通道，拓宽乡村环境治理宣传引导渠道，进一步提升乡村环境治理成效。

（6）构建乡村环境治理运维管护长效机制

①建立乡村环境保洁队伍

针对乡村环境治理中生活污水治理、农村公厕管护、生活垃圾治理、乱堆乱放、卫生死角和私搭乱建等问题，由第三方企业或村委会组织组建乡村环境治理日常保洁队伍。组织方应明确乡村保洁员的职责、任务和标准，针对乡村生活垃圾、生活污水以及农业废弃物等方面，开展日常清洁工作，保障村庄环境整洁、干净。此外，加强对保洁队伍人员的培训和教育，提高运营管理维护人员的素质，提升长效管理效果。

②建立长效保洁考核奖惩机制

构建乡村环境治理运维管护长效机制，具体可考虑在乡村环境保洁队伍建设的基础上，实行专职保洁员聘用制，建立专门的考评小组。乡村保洁考核小组由乡镇干部、村干部、村民代表等构成，可通过积极探索建立合理的考核机制和绩效动态管理办法，奖惩并用，奖勤罚懒、奖优汰劣，以激励保洁工作人员积极性，带动全体村民的环保行动，提升乡村环境治理成效。

参考文献

[1] 中共中央国务院关于实施乡村振兴战略的意见[N]. 人民日报,2018-2-5(1).

[2] 中共中央国务院印发《乡村振兴战略规划(2018—2022年)》[J]. 农村工作通讯,2018(18):8-35.

[3] 中共中央办公厅国务院办公厅印发《农村人居环境整治三年行动方案》[J]. 社会主义论坛,2018(2):12-14.

[4] USEPA. EPA guidelines for management of onsite/decentralized wastewater systems(EPA 832-F-00-012)[M]. Washington: Office of Water, 2000.

[5] USEPA. Handbook for managing onsite and clustered (decentralized) wastewater treatment systems: an introduction to management tools and information for implementing EPA's management guidelines(EPA 832-B-05-001)[M]. Cincinnati: Office of Water, 2005.

[6] TCHOBANOGLOUS G, RUPPE L, LEVERENZ H. Decentralized wastewater management: challenges and opportunities for the twenty-first century[J]. Water science & technology, 2004, 4(1): 95-102.

[7] USEPA. Onsite waste water treatment systems manual (EPA/625/R-00/008) [M].Washington: Office of Water, 2002.

[8] CURNEEN S, GILL L. Willow-based evapotranspiration systems for on-site waste water effluent in areas of low permeability sub-soils[J]. Ecological engineering, 2016, 7(92): 199-209.

[9] ANDA J, ALBERTO L, VILLEGAS E. High-strength domestic wastewater treatment and reuse with onsite passive methods[J]. Water (Basel), 2018,10(2):99.

[10] SCHMIT G, JAHAN K, SCHMIT H, et al. Activated sludge and other aerobic suspended culture processes[J]. Water environment research, 2009,81(10): 1127-1193.

[11] USEPA. Design manual: onsite wastewater treatment and disposal systems(EPA 625/1-80/012)[M]. Washington: Office of Water, 1980.

[12] USEPA. Public-private partnership case studies[M]. Washington: Administration and Ection Resources Management,1989.

[13] USEPA. Handbook for managing onsite and clustered (decentralized) wastewater treatment systems: an introduction to management tools and information for implementing EPA's management guidelines(EPA 832-B-05-001)[M]. Cincinnati: Office of Water, 2005.

[14] 唐艳冬,杨玉川,王树堂. 借鉴国际经验推进我国农村生活垃圾管理[J]. 环境保护,2014(14):70-73.

[15] 别如山,宋兴飞,纪晓瑜. 国内外生活垃圾处理现状及政策[J]. 中国资源综合利用,

2013，31（9）:31-35.

[16] 赵解春. 国外厕所行动对中国农村“厕所革命”的启示[J]. 农业工程技术，2020，40（35）：41-44.

[17] 罗永端. 受困的治理：农村环境治理的运作与困境[D]. 武汉：华中师范大学，2020.

[18] 谭云华. 广安市前锋区农村人居环境治理研究[D]. 昆明：云南师范大学，2020.

[19] 姜晓雨. 我国农村环境治理的问题与对策研究：以菏泽市东明县为例[D]. 济南：山东师范大学，2017.

[20] 冯亮. 中国农村环境治理问题研究[D]. 北京：中共中央党校，2016.

[21] 杨正宏. 我国农村人居环境整治长效机制构建存在的问题及对策[J]. 乡村科技，2020（8）：33-34.

[22] 耿振刚. 乡村振兴战略背景下镇原县农村人居环境治理对策研究[D]. 兰州：西北师范大学，2017.

[23] 王传庆. 山东省经济发达镇农村改厕后续管护模式研究[D]. 泰安：山东农业大学，2020.

[24] 于法稳，郝信波. 农村人居环境整治的研究现状及展望[J]. 生态经济，2019，35（10）：166-170.

[25] 胡红旗，杨勇，胡红斌. 两种高效农村生活污水处理技术的实际应用分析[J]. 黑龙江环境通报，2016，40（1）:20-24.

[26] 夏训峰，席北斗，王丽君，等. 农村环境综合整治与系统管理[M]. 北京：化学工业出版社，2019.

[27] 侯立安，席北斗，张列宇，等. 农村生活污水处理与再生利用[M]. 北京：化学工业出版社，2019.

[28] 夏训峰，席北斗，王丽君，等. 村镇环境综合整治技术与管理[M]. 北京：中国环境出版社，2016.